高校入試 近道問題 **12**物理

## この本の特色

### ① コンパクトな問題集

入試対策として必要な単元・項目を短期間で学習できるよう，コンパクトにまとめた問題集です。直前対策としてばかりではなく，自分の弱点を見つけ出す診断材料としても活用できるようになっています。

### ② 豊富なデータ

英俊社の「高校別入試対策シリーズ」や「公立高校入試対策シリーズ」などの豊富な入試問題から問題を厳選してあります。

### ③ まとめ

各章のはじめに，その単元の簡単な「まとめ」が載せてあります。入試頻出の重要な語句については穴埋め問題になっているので，教科書などを見ながら全体をまとめていきましょう ～～～～～～～ ｽﾄに直結する重要な内容が満載です。

### ④ 🔼 ちかみち

まとめには載せきれな～～～～～～～～～～～～～かみち に載せてあります。さらに高得点につ～～～～～～～です。

### ⑤ 詳しい解説

別冊の解答・解説には，多くの問題について詳しい解説を掲載しています。間違えてしまった問題や解けなかった問題は，解説をよく読んで，しっかりと内容を理解しておきましょう。

## この本の内容

| | | |
|---|---|---|
| 1 | 光の反射・屈折 | 2 |
| 2 | 凸レンズ | 6 |
| 3 | 音 | 10 |
| 4 | 力・圧力 | 13 |
| 5 | 水圧・浮力 | 17 |
| 6 | 電流回路 | 20 |
| 7 | 電力・発熱量 | 24 |
| 8 | 磁界・電磁誘導 | 27 |
| 9 | 運動 | 32 |
| 10 | 仕事・エネルギー | 36 |
| | 解答・解説 | 別冊 |

# 1 光の反射・屈折 近道問題

## ◆光の反射

・光の反射

物体に光があたると，**入射角＝反射角** の関係で光は反射する。

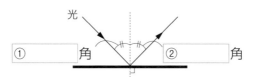

・鏡にうつる像

鏡の前に物体をおくと，鏡の中に物体の像がみえる。これは，光の反射が原因でおこるもので，このような像を ③ ⬚⬚⬚ 像とよび，**左右が逆向き**で鏡をはさんで物体と ④ ⬚⬚⬚ な位置に像ができる。

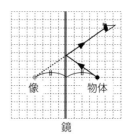

## ◆光の屈折

・光の屈折

光が種類の異なる物質を通過するとき，光はその境界面で屈折する。また，右下図で水中（ガラス中）にできる角を大きくしていくと空気中にできる角はさらに大きくなり，やがて空気中に光が出なくなる現象がおこる。このような現象は ⑤ ⬚⬚⬚ という。

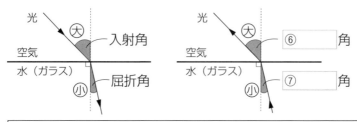

※空気中にできる角度 ＞ 水中（ガラス中）にできる角度

**1**　私たちが物体を見ることができるのは，物体自身が
光を出しているか，物体が表面で光を反射して，その光
が目に届くからである。光の道すじについて鏡を使っ
て考えることにした。以下の問いに答えなさい。

図1

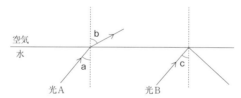

鏡の面に垂直な線
光
鏡

（大商学園高［改題］）

(1)　自ら光を出す物体のことを何というか，答えなさい。（　　　　　　　）

(2)　鏡に反射する光の道すじを図1のように示した。このときaの角度のこと
を何というか，答えなさい。（　　　　　　）

(3)　図1のaとbの角度の関係として正しいものを1つ選び，記号で答えな
さい。（　　　）

ア　a＞b　　　イ　a＝b　　　ウ　a＜b

**2**　下図は，水中から光A，Bを空気中に入射したときのようすを示しています。
光Bのように入射すると，光は境界面ですべて反射しました。次の各問いに答
えなさい。

（京都西山高）

空気
水
b
a
光A
光B
c

(1)　図のa，bの角をそれぞれ何といいますか。
　　a（　　　　　　）　b（　　　　　　）

(2)　a，bの角で大きいのはどちらですか。（　　　）

(3)　a，cの角で大きいのはどちらですか。（　　　）

(4)　下の文の（　　）にあてはまる言葉を書きなさい。
　　①（　　　　　　）　②（　　　　　　）

　　入射角をある程度より（　①　）すると，すべての光が反射するようになる。
　　この現象を（　②　）という。

(5)　私たちの生活で使われている(4)の現象を利用したものを答えなさい。

（　　　　　　　）

**3** 以下の問いに答えなさい。　　　　　　　　（ノートルダム女学院高[改題]）

A～Eの人物が右図のような位置関係で鏡の前
に立っている。

(1) Aから見て鏡の中にCは見えるか。

（　　　　　　）

(2) Aから見て鏡の中にDは見えるか。

（　　　　　　）

(3) Aは鏡の中に自分自身を見ることができるか。（　　　　　　）

(4) Dから鏡の中に見えるのは，A～Eのうち誰か。すべて選び記号で答えな
さい。（　　　　　）

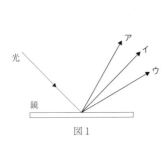

（真上から見た図）

**4** 鏡による光の反射について，後の問いに答えなさい。　　（立命館宇治高[改題]）

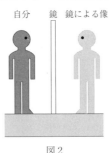

図1　　　　　　　　　　　　　　図2

(1) 図1の矢印は，鏡に当たった光が反射する経路を示しています。正しい経
路を図中のア～ウから選び，記号で答えなさい。（　　　　）

(2) 図2のように，鏡に映る自分の像は，鏡を境にして同じ距離だけ離れて向
かい合っているように見えます。身長が160cmの人が自分の全身を映すた
めには，鏡の縦の長さは何cm以上あればよいですか。（　　　　　cm）

**5** 次の，光の道筋についての〔実験〕を読んで，後の問いに答えなさい。

（羽衣学園高[改題]）

〔実験〕　図1のように，直方体の透明なガラスを置き，点A
にろうそくを置いた。ガラスの高さは，ろうそくの高さ
よりも低い。点Bの位置からろうそくがどのように見え
るか，観察した。

図1

(1)　ろうそくから出た光は，ガラスを通ってどのように進みますか。正しい光の道筋を次の**ア**〜**エ**から選び，記号で答えなさい。（　　　）

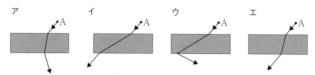

(2)　点Bの位置で，ろうそくはどのように見えますか。次の**ア**〜**エ**から選び，記号で答えなさい。（　　　）

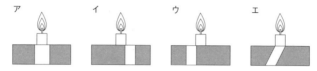

**6**　光の進み方について，次の各問いに答えなさい。　　　　　（京都精華学園高[改題]）

(1)　次の文を読み，空欄にあてはまる語句をそれぞれ答えなさい。ただし，①については，適切なものを1つ選び，記号で答えなさい。

　　　①（　　　）②（　　　　　）

　　　光が，空気中から水中に進む場合，光が空気と水の境界面に対して①[**ア**　ななめに　　**イ**　垂直に]入射すると，光は境界面で曲がる。このような現象を（②）という。

(2)　右図のように，コップの底にコインを置き，コップに水を入れたところ，点Aの位置にあるコインが点Bの位置にあるように見えた。点Aから出た光が目に届くまでの光の道すじを実線（──）で，その作図に用いた線を点線(-----)で表したとき，最も適切なものは次の**ア**〜**エ**のうちどれか。1つ選び，記号で答えなさい。（　　　）

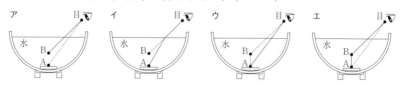

# 2 凸レンズ

## ◆凸レンズ

・凸レンズを通る光

太陽光などの平行な光が凸レンズを通ると集まる点を ① ［　　　　　］といい，その点から凸レンズの中心までの距離を ② ［　　　　　　　］という。

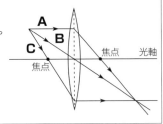
太陽光
焦点距離
焦点

― <凸レンズを通る光の進み方> ―

**A** 光軸に平行な光は，
レンズで屈折して ③ ［　　　　　］を通る。

**B** レンズの中心を通る光は，
そのまま ④ ［　　　　　］する。

**C** 焦点を通る光は，
光軸に ⑤ ［　　　　　］に進む。

A
B
C
焦点　光軸
焦点

・凸レンズによる像

◎焦点距離の2倍の位置に物体をおく

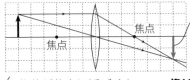
焦点
焦点

焦点距離の2倍の位置に物体と**同じ大きさ**の ⑥ ［　　　　　］像ができる。

・物体が焦点に近づくと → **像は遠ざかり**，⑦ ［　　　　　］なる
・物体が焦点から遠ざかると → **像は近づき**，⑧ ［　　　　　］なる

◎焦点の内側に物体をおく

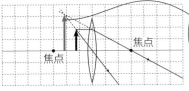
焦点
焦点

物体よりも大きな ⑨ ［　　　　　］像が，物体と同じ側にレンズを通して見える。

◎物体を焦点におく→像はできない

※凸レンズの一部をおおうと，レンズを通る光の量が少なくなるため，像は ⑩ ［　　　　　］なるが，大きさや形は ⑪ ［　　　　　］しない。

**1** 次の凸レンズを使った光の実験に関して，後の各問いに答えなさい。

（東大谷高[改題]）

図1のようにレンズの軸に平行な
光をあてた。このとき，レンズの中
心から 10 [cm]の点 H に光が集まる
ことが観察された。

図1

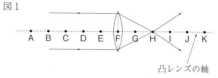

凸レンズの軸

(1) 図1で光の集まる点 H を何というか，漢字で答えなさい。（　　　　　　）

(2) 図2で矢印の像はどの位置にで
きるか。A～K から1つ選び，記
号で答えなさい。（　　　）

図2

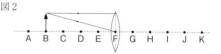

**2** 右図のように光学台に凸レンズと電球，L の形に穴
をあけた板（以下，L字板とする）をとりつけ，スク
リーンに像がはっきりと映るように凸レンズとスク
リーンの位置を変化させる実験を行った。凸レンズと
スクリーンの間の距離を20cmにしたとき，スクリー
ンに実物と同じ大きさの像が映った。次の各問いに
答えなさい。

（博多女高[改題]）

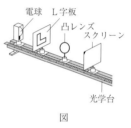

電球　L字板

凸レンズ

スクリーン

光学台

図

(1) この実験でスクリーンに映ったような実際に光が集まってできる像を何と
いうか，語句で答えなさい。（　　　　　　）

(2) この凸レンズの焦点距離は何 cm か答えなさい。（　　　　　　cm）

(3) このときスクリーンに映る像を凸レンズと反対側から見るとどのように見
えるか。次のア～エから1つ選び，記号で答えなさい。（　　　）

(4) L字板を凸レンズから遠ざけたところ，スクリーンに映った像がぼやけた
ので，スクリーンの位置を変えて像がはっきり映るようにした。このとき，
凸レンズとスクリーンの距離は近くなっているか，遠くなっているか答えな
さい。また，像の大きさは実物と比べて大きいか小さいか答えなさい。

距離（　　　　　　　　）　大きさ（　　　　　　）

**3** 図のように，光学台に凸レンズを固定
し，物体（矢印型に切り取った厚紙），電
球，スクリーンを置きました。この装置
を用いて，スクリーンにできる像のでき

方について調べました。物体の位置を変えるごとに，スクリーンの位置を調節
して，スクリーンに写る像を観察し，図の A と B の距離を測定しました。

　A が 20cm，B が 20cm のとき，スクリーンに像がはっきり見えました。次
の各問いに答えなさい。　　　　　　　　　　　　　　　　　（東海大付大阪仰星高）

(1)　スクリーンに写った像の種類はどれですか，次のア～エから 1 つ選び，記
　　号で答えなさい。（　　　　）

　　ア　倒立実像　　　イ　正立実像　　　ウ　倒立虚像　　　エ　正立虚像

(2)　スクリーンに像がはっきり見えているときに，凸レンズの上半分を黒い紙
　　でかくすと像はどのようになりますか，次のア～エから 1 つ選び，記号で答
　　えなさい。（　　　　）

　　ア　像全体が消える　　　　　イ　像全体が暗くなる
　　ウ　像の上半分が消える　　　エ　像の下半分が消える

(3)　この凸レンズの焦点距離は何 cm ですか，答えなさい。（　　　　　　cm）

(4)　A が① 15cm，② 25cm のとき，像の大きさは実物の大きさに比べてどの
　　ようになりますか，次のア～ウからそれぞれ 1 つずつ選び，記号で答えなさ
　　い。①（　　　）②（　　　）

　　ア　実物と同じ　　　イ　実物より大きい　　　ウ　実物より小さい

　次に，A を 5 cm にすると，スクリーンには像が写らず，スクリーンの方か
ら凸レンズをのぞくと像が見えました。

(5)　凸レンズから見えた像の種類はどれですか，次のア～エから 1 つ選び，記
　　号で答えなさい。（　　　　）

　　ア　倒立実像　　　イ　正立実像　　　ウ　倒立虚像　　　エ　正立虚像

(6)　この像は実物の 3 倍の大きさで見えました。像は凸レンズから何 cm のと
　　ころにできますか，答えなさい。（　　　　　　cm）

**4** 凸レンズを用いて，次の実験を行った。以下の問いに答えなさい。

（金光大阪高［改題］）

【実験1】　凸レンズの軸に平行になるように，凸レンズの真正面から光を当てたところ，光は凸レンズを出るときに屈折して，凸レンズの軸上の1つの点Oに集まった。凸レンズの中心から点Oまでの距離は10cmだった。

【実験2】　図1のように，【実験1】で用いた凸レンズ，電球，矢印が直交した形の穴が開いた物体，スクリーンを光学台に置き，スクリーン上に物体の像がはっきりと映る位置を調べたところ，表1の結果を得た。物体と凸レンズとの距離を$a$，凸レンズとスクリーンとの距離を$b$とする。

【実験3】　$a = 5\,\text{cm}$としたとき，スクリーンをどこに動かしても像はできなかった。このとき，凸レンズをのぞくとレンズの向こう側に像が見えた。

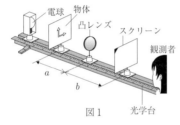

図1　光学台

| 結果 | $a$(cm) | $b$(cm) |
|---|---|---|
| A | 15 | 30 |
| B | 20 | 20 |
| C | 30 | 15 |

表1

(1)　下線部の点Oを何というか。（　　　　　　）

(2)　【実験2】のときにスクリーンに映った像は，図1に示された観測者から見るとどのように見えるか。適当なものを，次のア～エから1つ選び，記号で答えなさい。（　　　）

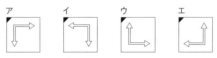

(3)　表1の結果A，B，Cで見られた像の大小関係について適当なものを，次のア～カから1つ選び，記号で答えなさい。（　　　）

ア　Aの像＞Bの像＞Cの像　　イ　Aの像＞Cの像＞Bの像

ウ　Bの像＞Aの像＞Cの像　　エ　Bの像＞Cの像＞Aの像

オ　Cの像＞Aの像＞Bの像　　カ　Cの像＞Bの像＞Aの像

# 3 音

近道問題

## ◆音の伝わり方

・音は空気の ① [　　　] によって伝わり，これが次々に伝わる現象を ② [　　　] という。（空気などがない**真空の状態では音は伝わらない**）

・音の伝わる速さは，空気中で約340m/s，水中で約1500m/sで，一般的に **気体＜液体＜固体**の順に速くなる。

$$速さ(m/s) = \frac{距離(m)}{時間(s)}$$

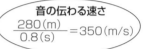

音の伝わる速さ
$$\frac{280(m)}{0.8(s)} = 350(m/s)$$

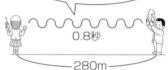

0.8秒

280m

## ◆音の高さ

・音の高さは物体が**1秒間に振動する回数**を示す ③ [　　　] (Hz) によって決まる。

**高い音**

振動数が多い

**低い音**

振動数が少ない

|  | 高い音 | 低い音 |
|---|---|---|
| 弦の長さ | ④ | ⑤ |
| 弦の太さ | ⑥ | ⑦ |
| 弦の張り | ⑧ | ⑨ |

## ◆音の大きさ

・音の大きさは物体が**振動する幅**を示す ⑩ [　　　] によって決まる。

**大きい音**

振幅

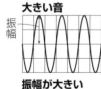

振幅が大きい

**小さい音**

振幅が小さい

|  | 大きい音 | 小さい音 |
|---|---|---|
| 弦の<br>はじき方 | ⑪ | ⑫ |

**1** 音に関する後の問いに答えなさい。 （関西大学北陽高[改題]）

図1のように壁から221m離れたA地点より，静止した状態から短く笛を1回鳴らした。すると鳴らした瞬間に聞こえる音が聞こえたあと，1.3秒後に壁に反射した笛の音が聞こえた。

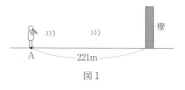

図1

(問)　この笛の音の速度は何m/sか求めなさい。（　　　　　　m/s）

**2** 音の性質について後の問いに答えなさい。 （神戸龍谷高[改題]）

(1)　次の**ア～ウ**はモノコードの音をコンピュータで表したものである。この中で①最も音が大きいもの，②最も音が高いものを選び記号で答えなさい。

①（　　　） ②（　　　）

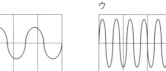

(2)　モノコードの音を高くするには，弦をどのように変えれば良いか。適切な方法を次の**ア～カ**からすべて選び記号で答えなさい。（　　　　　）

**ア**　弦を張る強さと長さを変えず，弦を太いものに変える。

**イ**　弦を張る強さと長さを変えず，弦を細いものに変える。

**ウ**　弦を張る強さと太さを変えず，ことじを動かして弦の振動する部分を長くする。

**エ**　弦を張る強さと太さを変えず，ことじを動かして弦の振動する部分を短くする。

**オ**　弦の太さと長さを変えず，弦を強く張る。

**カ**　弦の太さと長さを変えず，弦を弱く張る。

(3)　あるビルの屋上から花火を見ていた。花火が見えてから7秒後に音が聞こえた。花火の音が出る位置とビルの屋上が同じ高さであるとき，花火の音が出る位置とビルは何m離れているか答えなさい。ただし，音の伝わる速さを340m/sとする。（　　　　　m）

**3** 音について以下の実験を行った。この実験に関して，次の各問いに答えなさい。

（東福岡高[改題]）

定滑車とおもりの付いたモノコード，マイクとコンピュータを用いて弦をはじいたときの弦の様子や，出る音の高さについて調べた。図1はモノコードを横から見た模式図であり，弦のXY間の中央をはじいて音を出し，その波形をコンピュータで表示した。図2はそのときに表示された音の波形である。

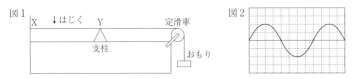

(1) 図2の波形より，この音の振動数は何Hzか。ただし，横軸の1目盛りは0.0001秒を表す。（　　　　　Hz）

(2) 弦をはじく強さを変えずに，支柱を動かし，XY間を大きくしたときに表示される音の波形を，次のア〜エの中から最も適切なものを1つ選び，記号で答えなさい。ア〜エの1目盛りは，縦軸，横軸ともに図2のものと同じ大きさを表す。（　　　　）

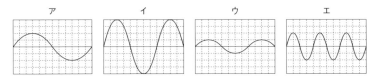

(3) おもりの重さのみを変えて，弦をはじく強さを強くしたときに観測された波形と同じものを作りたい。はじめの状態からモノコードのおもりをどのようにすればよいか。次のア〜ウの中から最も適切なものを1つ選び，記号で答えなさい。ただし，支柱の位置は，図2の波形が観測されたときと変えないものとする。（　　　　）

ア　おもりの重さを大きくする。

イ　おもりの重さを小さくする。

ウ　おもりの重さを変えても，同じ波形を作ることはできない。

# 4　力・圧力

近道問題

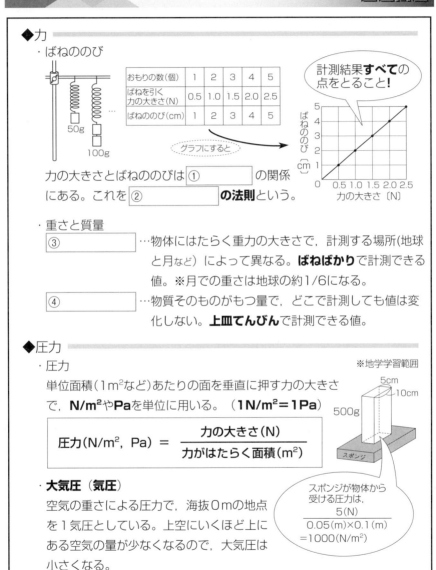

◆力

・ばねののび

| おもりの数(個) | 1 | 2 | 3 | 4 | 5 |
|---|---|---|---|---|---|
| ばねを引く力の大きさ(N) | 0.5 | 1.0 | 1.5 | 2.0 | 2.5 |
| ばねののび(cm) | 1 | 2 | 3 | 4 | 5 |

計測結果**すべての**点をとること！

グラフにすると

力の大きさとばねののびは ① ┃ の関係にある。これを ② ┃ **の法則**という。

・重さと質量

③ ┃ …物体にはたらく重力の大きさで，計測する場所(地球と月など)によって異なる。**ばねばかり**で計測できる値。※月での重さは地球の約1/6になる。

④ ┃ …物質そのものがもつ量で，どこで計測しても値は変化しない。**上皿てんびん**で計測できる値。

◆圧力

・圧力
単位面積(1m²など)あたりの面を垂直に押す力の大きさで，**N/m²**や**Pa**を単位に用いる。（**1N/m²＝1Pa**）

$$圧力(N/m², Pa) = \frac{力の大きさ(N)}{力がはたらく面積(m²)}$$

※地学学習範囲

スポンジが物体から受ける圧力は，
$$\frac{5(N)}{0.05(m)×0.1(m)}=1000(N/m²)$$

・**大気圧（気圧）**
空気の重さによる圧力で，海抜0mの地点を1気圧としている。上空にいくほど上にある空気の量が少なくなるので，大気圧は小さくなる。

1気圧＝1013hPa＝ ⑤ ┃ Pa＝101300N/m²

**1** 理科室にあったばねにおもりをつるして，ばねに
加わる力の大きさとばねの長さの関係を調べました。
図1のグラフはそのときの結果を表したものです。こ
のばねについて，後の各問いに答えなさい。ただし，
100gの物体にはたらく重力の大きさを1Nとし，ば
ねの重さは考えないものとします。　　（浪速高[改題]）

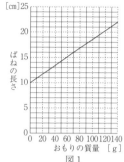

図1

(1) このばねのもとの長さ（おもりをつるしていない
　　ときの長さ）は何cmですか。（　　　　cm）

(2) このばねに35gのおもりをつり下げたときのばねの長さは何cmですか。
　　　　　　　　　　　　　　　　　　　　　　　　（　　　　cm）

(3) このばねの長さを19cmにするために必要な力の大きさは何Nですか。
　　　　　　　　　　　　　　　　　　　　　　　　（　　　　N）

**2** 2本のばねA，Bがあり，それぞれのばねについて，
図1のようにばねを引き，ばねを引く力の大きさとば
ねののびとの関係を調べたところ，表のようになった。
下の問いに答えなさい。ただし，質量100gの物体には
たらく重力の大きさを1Nとし，空気，ばねおよび糸
の質量は考えないものとする。　　（奈良学園高[改題]）

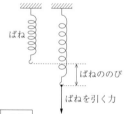

図1

| ばねを引く力の大きさ〔N〕 | 0 | 0.8 | 1.6 | 2.4 | 3.2 | 4.0 |
|---|---|---|---|---|---|---|
| ばねAののび〔cm〕 | 0 | 3.2 | 6.4 | 9.6 | 12.8 | 16.0 |
| ばねBののび〔cm〕 | 0 | 1.6 | 3.2 | 4.8 | 6.4 | 8.0 |

(1) ばねAを大きさ2.0Nの力で引いたとき，ばねAののびは何cmか。
　　　　　　　　　　　　　　　　　　　　　　　　（　　　　cm）

(2) ばねBののびが5.6cmのとき，ばねBを引く力の大きさは何Nか。
　　　　　　　　　　　　　　　　　　　　　　　　（　　　　N）

(3) 図2のように，ばねAとばねBをつなぎ，糸と滑車を用いて，2つのばね
　　が水平になるようにして，どちらの糸にも質量120gのおもりをつるした。2
　　つのおもりが静止しているとき，ばねAとばねBののびの和は何cmか。た
　　だし，滑車はなめらかに回転し，糸との間の摩擦は考えないものとする。
　　　　　　　　　　　　　　　　　　　　　　　　（　　　　cm）

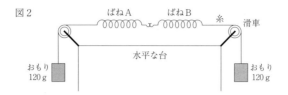

図2

ばねA　　ばねB　　糸　滑車

水平な台

おもり
120g　　　　　　　　　　　　　おもり
　　　　　　　　　　　　　　　120g

**3** 重さを無視できる3種類のばねA，B，Cと重さを無視できる棒があります。図1のグラフは，ばねA，Cにおけるおもりの重さと，ばねののびの関係を表したものです。次の各問いに答えなさい。ただし，空気抵抗や摩擦は無視するものとし，100gの物体を地球が引く力を1Nとします。(大阪産業大附高[改題])

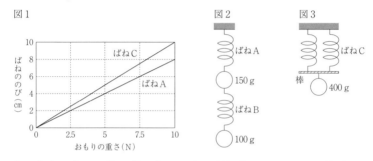

図1

（ばねののび（cm）／おもりの重さ(N)，ばねC，ばねA）

図2　ばねA，150g，ばねB，100g

図3　ばねC，棒，400g

(1) 次の文章の空らん①〜③にあてはまる語句を，ア〜カから選びそれぞれ記号で答えなさい。①(　　　) ②(　　　) ③(　　　)

　『ばねのように，変形したものがもとの状態にもどろうとして生じる力を（ ① ）という。また，（ ① ）の大きさとばねののびは常に（ ② ）し，これを（ ③ ）の法則という。』

ア　比例　　イ　反比例　　ウ　ニュートン　　エ　フック　　オ　重力
カ　弾性の力

(2) 図2のようにばねA，Bにおもりをつけてつるしました。ばねA，B全体ののびが合計で5cmであったとき，ばねBののびは何cmですか。ア〜オから1つ選び記号で答えなさい。(　　　)

ア　1cm　　イ　1.5cm　　ウ　2cm　　エ　2.5cm　　オ　3cm

(3) 図3のように2つのばねCに棒をつないで，その中央におもりをつけてつるしました。ばねCののびは何cmですか。ア〜オから1つ選び記号で答えなさい。(　　　)

ア　1cm　　イ　2cm　　ウ　3cm　　エ　4cm　　オ　5cm

**4** 図のような質量 2.7kg の直方体の金属を，面 A
を上にして直方体のスポンジの上に置きました。質
量 100g にはたらく重力の大きさを 1 N として，次
の各問いに答えなさい。 (常翔学園高[改題])

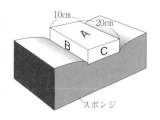

(1) 直方体の金属にはたらく重力の大きさは何 N
ですか。(　　　　　　N)

(2) スポンジが金属から受ける圧力の大きさは何 Pa（= N/m²）ですか。
(　　　　　　Pa)

**5** 図のような，縦 20cm，横 30cm，高さ 50cm の直方体があ
り，この物体にはたらく重力は 60N であることがわかってい
ます。次の各問いに答えなさい。 (浪速高[改題])

(1) この直方体を水平な台に置いて静止させるときに，台が直
方体から受ける力について正しく説明した文を**ア〜エ**から 1
つ選び，記号で答えなさい。(　　　　)

**ア** 接する面積が小さいほど大きな力になる。

**イ** 接する面積が大きいほど大きな力になる。

**ウ** 接する面積に関係なく同じ大きさの力になる。

**エ** 接する面積に関係なく，置いている時間が長くなるほど大きな力になる。

(2) 一番小さな面を下にして，台に置いて静止させるときに，台が直方体から
受ける力の大きさは何 N ですか。(　　　　　N)

(3) この直方体を水平な台に置いて静止させるときに，台が直方体から受ける
圧力について正しく説明した文を**ア〜エ**から 1 つ選び，記号で答えなさい。

(　　　　)

**ア** 接する面積が小さいほど大きな圧力になる。

**イ** 接する面積が大きいほど大きな圧力になる。

**ウ** 接する面積に関係なく同じ大きさの圧力になる。

**エ** 接する面積に関係なく，置いている時間が長くなるほど大きな圧力に
なる。

(4) 一番小さな面を下にして，台に置いて静止させるときに，台が直方体から
受ける圧力は何 Pa ですか。(　　　　　Pa)

# 5　水圧・浮力

◆水圧・浮力

・水圧

水の重さによって生じる圧力で，水中であらゆる向きにはたらく。

水圧の大きさは，水面から深いほど， ① 　　　　　　　なる。

※ゴム膜をはった筒を水中に沈めると，深いところほど水圧が大きくなるためゴム膜は大きくへこむ。

※水の入った容器に穴をあけると，深いところほど水圧が大きくなるため，水は勢いよく飛び出す。

・浮力

物体を水中に沈めると，右図のように上面と下面で水圧の差が生じる。これによって，物体には ② 　向きに力が生じる。この力を ③ 　　　　　という。

<公式1…浮力により水中での重さが空気中より軽くなる>

　**浮力(N)＝空気中での重さ(N)－水中での重さ(N)**

<公式2…水圧の差によって浮力が生じる>

　**浮力(N)＝下面を水が押す力(N)－上面を水が押す力(N)**

<公式3…浮力は押しのけた液体の重さに等しい>

　　**浮力(N)＝$\dfrac{\text{水中にある物体の体積(cm}^3)}{100}$**

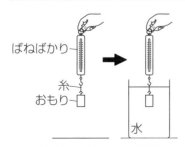

| | ばねばかりが示す値[N] |
|---|---|
| 空気中 | 0.50 |
| 水中 | 0.45 |

水中のおもりにはたらく浮力の大きさは，
0.50(N)－0.45(N)＝0.05(N)

**1** 次の各問いに答えなさい。 (金蘭会高[改題])

(1) 図1のように，容器の側面に同じ大きさの穴ア～ウをあ
け，穴に栓をした後，容器に水を満たした。3つの栓を同
時にはずした時，水が最も遠くまで飛ぶのはどの穴ですか。
記号で答えなさい。（　　　　）

図1

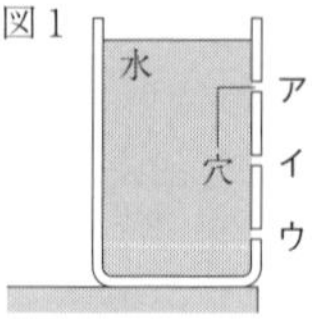

(2) 図2のように，物体X全体が水中にある時，物体Xには水圧がどのよう
にはたらきますか。下のア～エから選び，記号で答えなさい。ただし，矢印
の長さが水圧の大きさを示している。（　　　　）

図2

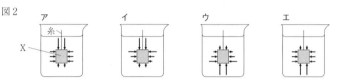

**2** 水を入れた水槽を使って，物体が水に
浮くことについて調べる実験を行った。
このとき，以下の問いに答えなさい。

(京都橘高[改題])

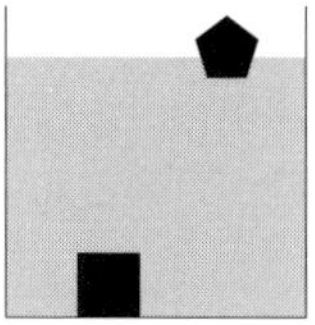

図1

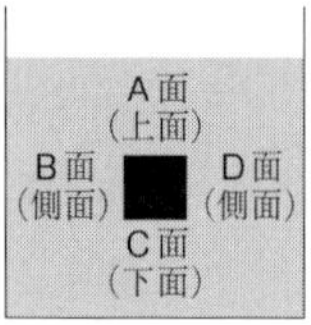

図2

(1) 図1のように，水に浮く物体と沈
む物体があった。水に沈んだ物体の密度は，水の密度より大きいか，小さい
か答えなさい。（　　　　）

(2) 図2のように，水に物体（立方体）を沈めたとき物体には浮力がはたらい
ている。浮力について説明した次の文章を読み，空欄に適する語句を答えな
さい。ただし，空欄（ ① ）～（ ④ ）は，「A～D」のいずれかで，空欄（ ⑤ ）
は，「上，下」いずれかで答えなさい。

①（　　　） ②（　　　） ③（　　　） ④（　　　） ⑤（　　　）

水中にある立方体の全ての面に水圧がはたらいている。図2のA面～D面
の（ ① ）面と（ ② ）面には同じ大きさの水圧がはたらくが，（ ③ ）面と
（ ④ ）面には異なる大きさの水圧がはたらき，（ ④ ）面にはたらく水圧の
方が大きい。この（ ③ ）面と（ ④ ）面にはたらく，水圧によって生じる
力の差が浮力となるため浮力の向きは（ ⑤ ）向きとなる。

(3) ギリシャの数学者，アルキメデスは浮力に
関して「アルキメデスの原理」を発見した。
アルキメデスの原理によると，「物体にはた
らく浮力の大きさは，その物体の水中にある

| 物体 | 質量 | 密度 |
|---|---|---|
| a | 450g | 3.0g/cm³ |
| b | 540g | 1.2g/cm³ |
| c | 600g | 1.5g/cm³ |

部分の体積と同じ体積の水にはたらく重力の大きさに等しい」とされ，物体
の水中にある部分の体積が大きければ大きいほど浮力が大きくなる。

水に沈めたとき，はたらく浮力の大きさが最も大きい物体はどれか。適当
なものを上のa〜cから選び，記号で答えなさい。ただし，物体は完全に沈
んでいるものとし，水面から出ている部分はないものとする。（　　　　）

**3** 水中の物体にはたらく力の大きさを調べるために，次の実験を行った。これ
について，次の各問いに答えなさい。下の表はこれらの実験結果をまとめたも
のである。　　　　　　　　　　　　　　　　　　　　　　（奈良大附高[改題]）

【実験1】 高さ8cmの直方体のおもりをばねば
かりにつるし，重さをはかった。右図のよう
に，おもりをばねばかりにつるしたまま，底
がつかないようにビーカーに入れ，ビーカー
に水を注いだ。おもりの高さの半分までが水

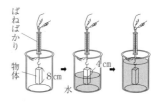

にしずんだときと，おもりが全部水にしずんだときにばねばかりが示す値
を，それぞれ読みとった。

【実験2】 実験1で用いたおもりとまったく大きさと形は同じであるが，材質
の異なるおもりを用いて実験1と同様の実験を行った。

| | | 空気中 | 半分水中 | 全部水中 |
|---|---|---|---|---|
| ばねばかりが示す値〔N〕 | 【実験1】 | 1.7 | 1.3 | 0.9 |
| | 【実験2】 | 2.6 | 2.2 | 1.8 |

(1) 実験1において，おもりが半分水にしずんでいるときと，全部水にしずんで
いるときにおもりにはたらく浮力の大きさはいくらか，それぞれ求めなさい。
半分水中（　　　　N）　全部水中（　　　　N）

(2) 実験2においておもりが全部水にしずんだ後，さらに水をビーカーに注ぐ
と，ばねばかりが示す値は1.8Nからどうなるか，「大きくなる」「小さくな
る」「変わらない」のいずれかで答えなさい。（　　　　）

# 6 電流回路

## ◆電流回路

・電流計

電流の大きさをはかる器具。はかる部分に対して

① □□□□ につなぐ。使用するときは，電流計

**に大きな電流が流れて壊れないようにするため**，

「5A端子→500mA端子→50mA端子」の順に

つなぎかえる。

電流計の読み方
5A端子…3.5_0 A
500mA端子…350mA
50mA端子…35.0mA

・電圧計

電圧の大きさをはかる器具。はかる部分に対して

② □□□□ につなぐ。使用するときは，電圧計

**に大きな電圧が加わり壊れないようにするため**，

「300V端子→15V端子→3V端子」の順につな

ぎかえる。

電圧計の読み方
300V端子…210V
15V端子…11.0V
3V端子…2.20V

・**オームの法則**

電流は電圧に ③ □□□□ する。

$$電流(A) = \frac{電圧(V)}{抵抗(\Omega)}$$

・回路における電流，電圧，抵抗の関係

**＜直列回路＞**

$I =$ ④ □□□□

各抵抗を流れる電流は電源の電流と等しい。

$V =$ ⑤ □□□□

電源の電圧は各抵抗の電圧の和に等しい。

$R =$ ⑥ □□□□

全体の抵抗は各抵抗の和に等しい。

**＜並列回路＞**

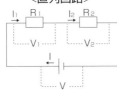

$I =$ ⑦ □□□□

電源の電流は各抵抗を流れる電流の和に

等しい。

$V =$ ⑧ □□□□

電源の電圧は各抵抗の電圧と等しい。

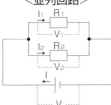

$$\frac{1}{R} = \frac{1}{R_1} + \frac{1}{R_2} \quad （※合成抵抗を求める公式）$$

**1** 回路について，以下の各問いに答えなさい。　　　　（大阪青凌高[改題]）

(1) 図1の豆電球に流れる電流の大きさをはかるために，電流計を使いました。電流計の使い方について，①〜③にあてはまる語句をそれぞれ選びなさい。

①（　　　　） ②（　　　　　） ③（　　　　　）

・電流計は，豆電球と①（直列，並列）につなぐ。

・電池の＋側につないだ導線を電流計の②（＋，－）端子につなぐ。

・電流の大きさが予想できないとき，いちばん③（大きい，小さい）電流がはかれる－端子につなぐ。

図1

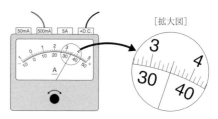

(2) 図1の豆電球に流れる電流をはかったところ，電流計の針が右図のようにふれました。回路に流れた電流は何 mA ですか。（　　　　mA）

［拡大図］

**2** 電気抵抗の大きさが異なる抵抗 a と抵抗 b を用いて［実験］を行った。以下の問いに答えなさい。　　　　（京都成章高[改題]）

［実験］

図1に示す回路をつくり，抵抗 a または抵抗 b を用い，直流電源の電圧を変化させて，流れる電流の値を調べた。その結果を表1にまとめた。

抵抗　Ⓐ電流計

直流電源

図1

表1

| 電圧[V] | 2.0 | 4.0 | 6.0 | 8.0 | 10.0 |
|---|---|---|---|---|---|
| 抵抗 a のときの電流[A] | 0.4 | 0.8 | 1.2 | 1.6 | 2.0 |
| 抵抗 b のときの電流[A] | 0.2 | 0.4 | 0.6 | 0.8 | 1.0 |

(1) 次の空欄にあてはまる語句を答えなさい。

①（　　　　） ②（　　　　　）

表1より，電流の大きさは電圧の大きさに（　①　）していることがわかる。この関係を，ドイツの科学者の名前にちなんで（　②　）の法則と呼ぶ。

(2) 抵抗 a の電気抵抗は，抵抗 b の電気抵抗の何倍であるか，求めなさい。

（　　　　倍）

**3** 2種類の抵抗器Aと抵抗器Bを用いて，図1のような回路をつくった。回路に流れる電流の大きさと，抵抗器の両端の電圧を測定し，それぞれの結果を図2に表した。 (大阪偕星学園高[改題])

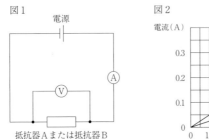

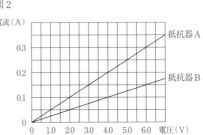

(1) 抵抗器Aの抵抗の大きさは何Ωか求めなさい。（　　　　Ω）

(2) 抵抗器Bの抵抗の大きさは何Ωか求めなさい。（　　　　Ω）

(3) 抵抗器Aを用いた回路で，電源の電圧を10Vにした場合，回路に流れる電流の大きさは何Aか求めなさい。（　　　　A）

　図3は，10Vの電源に抵抗器Aと抵抗器Bを直列につないだ回路である。また，図4は10Vの電源に抵抗器Aと抵抗器Bを並列につないだ回路である。

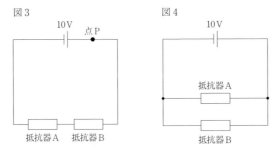

(4) 図3で点Pに流れた電流の大きさは何Aか求めなさい。ただし，答えが割り切れない場合は，小数第三位を四捨五入し，小数第二位まで答えなさい。

（　　　　A）

(5) 図4で抵抗器Aの両端の電圧は何Vか求めなさい。（　　　　V）

(6) 図4で抵抗器Bに流れた電流の大きさは何Aか求めなさい。

（　　　　A）

**4** 図1のような回路をつくり，抵抗器 $R_1$ と $R_2$ について，電流計を流れる電流と，電源の電圧の関係を調べる実験を行いました。スイッチを開いたときの電流と電圧の関係は，図2のグラフのようになりました。次の各問いに答えなさい。

（東海大付大阪仰星高[改題]）

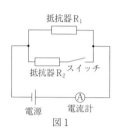

抵抗器 $R_1$
抵抗器 $R_2$　スイッチ
電源　電流計
図1

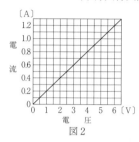

〔A〕
電流
図2

(1) 実験を行うとき，はじめに電流計の－端子はどの端子を用いますか，次のア～ウから1つ選び，記号で答えなさい。（　　　）

ア　50mA　　イ　500mA　　ウ　5A

(2) 抵抗器 $R_1$ の抵抗は何Ωですか，答えなさい。（　　　Ω）

(3) 電源の電圧を20Vにしてスイッチを閉じたとき，電流計は5Aを示しました。このとき，抵抗器 $R_2$ に流れる電流は何Aですか，答えなさい。

（　　　A）

(4) 抵抗器 $R_2$ の抵抗は何Ωですか，答えなさい。（　　　Ω）

次に，図1の抵抗器 $R_1$ と $R_2$ と抵抗器 $R_3$ を10Vの電源を用いて，図3のような回路をつくりました。スイッチを閉じたとき，電流計は1Aを示しました。

(5) 電圧計Pは何Vを示しますか，答えなさい。（　　　V）

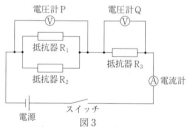

電圧計P　　電圧計Q
抵抗器 $R_1$
抵抗器 $R_3$
抵抗器 $R_2$
電流計
電源　スイッチ
図3

(6) 電圧計Qは何Vを示しますか，答えなさい。（　　　V）

(7) 抵抗器 $R_3$ の抵抗は何Ωですか，答えなさい。（　　　Ω）

(8) この回路の合成抵抗は何Ωですか，答えなさい。（　　　Ω）

# 7 電力・発熱量　

## ◆電力

電気器具の能力を表したもの。電力の値が大きいものほど、電気器具のはたらきが大きくなり、消費する電気の量も多くなる。**消費電力**ともいう。

> KNK アイロン　YY3308
> 100V—800W
> 50／60Hz

> **電力(W)＝電圧(V)×電流(A)**
> ※ワット

100Vの電圧で800Wの電力を消費するので流れる電流は、800W÷100V＝8A。よって、このアイロンの電気抵抗は、100V÷8A＝12.5Ω。

## ◆電力量

電気器具が消費した電力の量を表したもの。消費する電力の量は、使用した時間に比例して増加する。

> **電力量(J)＝電力(W)×時間(s)**
> ※ジュール
> **電力量(Wh)＝電力(W)×時間(h)**
> ※ワット時
> ※1Wh＝1W×1h＝1W×3600s＝3600J

## ◆熱量

電熱線に電流を流すと熱が発生する。このとき発生する熱の量を**熱量**という。電力が大きいほど能力が高いので多くの熱を発生し、また、長い時間電流を流すと多くの熱を発生するので、熱量は、**電力と時間に比例する**。

> **熱量(J)＝電力(W)×時間(s)**
> ※ジュール
> ※1cal＝約4.2J　1J＝約0.24cal

1分間で1.5℃上昇するので、2分間では2倍の、1.5℃×2＝3.0℃上昇する。

| 時間（分） | 0 | 1 | 2 | 3 | 4 |
|---|---|---|---|---|---|
| 水温（℃） | 20.0 | 21.5 | 23.0 | 24.5 | ① |

＜電力を一定にし、時間ごとに水温をはかる＞

1.0V のときの上昇温度は2.0℃。電圧が2倍になると、電流も2倍になるので、電力は4倍になり、上昇温度も4倍になる。よって、2.0℃×4＝8.0℃上昇する。

| 電圧（V） | 0 | 1.0 | 2.0 | 3.0 | 4.0 |
|---|---|---|---|---|---|
| 電流（A） | 0 | 0.2 | 0.4 | 0.6 | ② |
| 水温（℃） | 20.0 | 22.0 | 28.0 | 38.0 | ③ |

＜時間を一定にし、電圧をかえて上昇温度をはかる＞

**1** 右図は，点線で示した1つの部屋に照明器具
A，Bとコンセント C，Dがつながれた回路図で
す。照明器具の消費電力は A が 40W，B が 60W
であり，電源電圧は 100V です。次の問いに答え
なさい。　　　　　　　　　　　　（大阪学院大高）

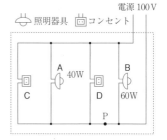

(1)　コンセント C にかかっている電圧は何 V で
　　すか。(　　　　　　V)

(2)　図の P 点が切れた場合，使用できなくなるものを A〜Dからすべて選び，
　　記号で答えなさい。(　　　　　　)

(3)　この回路では全体で 5A の電流まで流すことができます。照明器具A，B
　　をともに点灯し，コンセント C で 150W 使用したとき，コンセント D では最
　　大何 W まで使用できますか。(　　　　　　W)

**2** 電熱線の発熱について調べるために，図に示す回路をつくり実験を行った。
容器に水 50g を入れ，温度を測ると 22℃であった。抵抗値 3.5 Ωの電熱線 A
に 7.0V の電圧をかけ，ガラス棒でかき混ぜながら 2 分ごとに水の温度を測定
した。その結果，次のグラフのようになった。下の各問いに答えなさい。ただ
し，消費する電力はすべて，水の温度上昇に使われるものとする。

（橿原学院高[改題]）

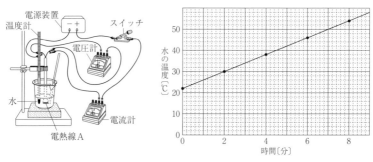

(1)　このとき流れる電流は，何 A か答えなさい。(　　　　　　A)

(2)　電熱線 A の電力は，何 W か答えなさい。(　　　　　　W)

(3)　電熱線 A は，8 分間で何 J の熱量を発生させるか答えなさい。

　　　　　　　　　　　　　　　　　　　　　　　(　　　　　　J)

(4)　1 g の水を 1℃温度上昇させるのに必要な熱量は何 J か。(　　　　　　J)

**3** 3V—3Wの電熱線アと3V—6Wの電熱線イ，直流電源装置，室温と同じ温度の水100gが入った発泡ポリスチレン（断熱材として利用）の容器A〜Dを用いて，水の温度上昇を測定しました。次の各問いに答えなさい。ただし，電熱線から発生する熱量はすべて水の温度上昇に使われるものとし，水1gの温度を1℃上げるのに必要な熱量は4.2Jとします。　　　　　　（関西大倉高）

まず，電熱線アとイが入った容器をそれぞれA，Bとして，図1のような回路をつくりました。ただし，直流電源装置の電圧を3Vとします。

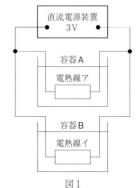

図1

(1) 図1の電熱線イに流れる電流の大きさは何Aですか。(　　　　　　A)

(2) 電熱線アとイの抵抗の大きさはそれぞれ何Ωですか。ア(　　　　Ω)　イ(　　　　Ω)

(3) 7分間電流を流したとき，容器Bの水の温度上昇は何℃ですか。(　　　　　℃)

次に，電熱線アとイが入った容器をそれぞれC，Dとして，図2のような回路をつくりました。ただし，直流電源装置の電圧を4.5Vとします。

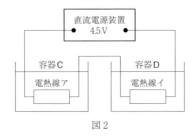

図2

(4) 図2の回路全体を流れる電流は何Aですか。(　　　　　　A)

(5) 7分間電流を流したとき，図1と図2の容器A〜Dのうち，水の温度上昇が一番小さい容器はどれですか。記号で答えなさい。また，その容器の水の温度上昇は何℃ですか。ただし，直流電源装置の電圧は，図1では3V，図2では4.5Vとします。(　　　　)(　　　　　℃)

# 8 磁界・電磁誘導

## ◆磁界

・磁石による磁界

磁石による力を**磁力**といい，磁力のはたらく空間を**磁界**という。また，磁界に磁針をおいたとき，磁針の ① 極が指す向きを**磁界の向き**といい，磁針の指す向きを曲線で結んだものを**磁力線**という。

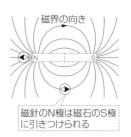

磁界の向き

磁針のN極は磁石のS極に引きつけられる

・電流による磁界

導線に電流を流すと，電流のまわりには**同心円状**の磁界ができる。

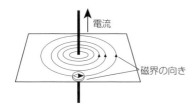

・コイルのまわりにできる磁界

コイルに電流を流すと磁界ができ，コイルが磁石の役割をする。

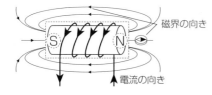

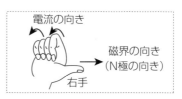

<コイルにできる磁界を強くする方法>
- ② を大きくする。
- ③ を多くする。
- コイルに ④ を入れる。

・電流が磁界から受ける力

磁界のあるところで電流を流すと，電流は力を受ける。これを利用した装置に ⑤ _____ （**電動機**）がある。

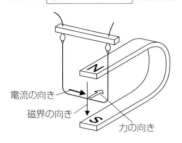

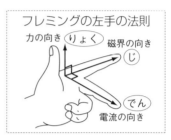

フレミングの左手の法則

力の向き りょく　磁界の向き じ

電流の向き でん

＜磁界から受ける力を強くする方法＞
- ⑥ _____ を大きくする。
- ⑦ _____ を強くする。

## ◆電磁誘導

コイルの近くで磁石を動かし，磁界を変化させると，コイルに電流が流れる。この現象を ⑧ _____ といい，このとき，コイルに流れる電流を ⑨ _____ という。この現象を利用し，連続して電流を取り出す装置を**発電機**という。

磁石の動きをさまたげる極ができる。

近づける

N

誘導電流の向き　N極

検流計

コイル上部にN極ができるように電流が流れる
↓
右手の親指をN極の方に向け，電流の向きを調べる
↓
検流計の左側の端子から電流が入ってくる
↓
検流計の針が左にふれる

＜誘導電流を大きく方法＞
- ⑩ _____ を強くする。
- ⑪ _____ を多くする。
- 磁石を ⑫ _____ 動かす。

**1** 次の各問いに答えなさい。　　　　　　　　　（大阪体育大学浪商高[改題]）

(1) 下図は，棒磁石のまわりの磁界の様子を示したものである。図中の a と b
の位置で磁針の向きを次の**ア〜エ**より記号で選びなさい。

a（　　）　b（　　）

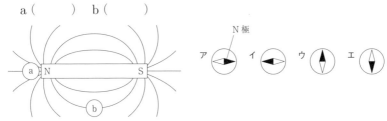

(2) 右図は，導線に電流を流したときにできる磁界の様
子を示したものである。次の問いに答えなさい。

① 図1の導線のまわりにできる磁界の向きは**ア・イ**
のどちらか。（　　）

② 図1で流す電流を大きくすると，磁界の強さは強
くなるか，弱くなるか。（　　　　）

③ 図1で，磁界の強さは導線から離れるほど強くなるか，弱くなるか。

（　　　　　）

④ 図2のように，導線の上に磁針を置いて電流
を流すと，**ア・イ**のどちらに磁針は振れるか。

（　　）

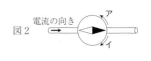

(3) 右図は，あるコイルに電流を流したも
のである。次の問いに答えなさい。

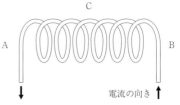

① コイルの中の磁界の向きは，**ア**．A
→B，**イ**．B→Aのどちらか。

（　　）

② Bにできるのは何極か。（　　極）

③ Cの位置に磁針を置いたとき，磁針の向きは次の**ア〜エ**のどれに一番近
いか。（　　）

**2** 次の実験について，以下の問いに答えなさい。　　　　　　　　　（大阪学院大高）

〔実験〕　コイル，U字形磁石，電熱線，電流計，電圧計などを用いて，図1の
ような装置をつくりました。図2は，スイッチを入れ，電流を流したとき
の磁石のまわりを拡大した模式図です。電流を流したとき，コイルは図2
の矢印の向きに少し動いて静止しました。このとき，AB間の電圧は8V，
回路を流れる電流は0.5Aでした。

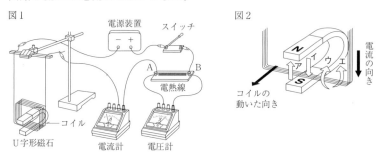

(1)　実験で用いた電熱線の抵抗は何Ωですか。（　　　　　　　Ω）

(2)　磁石による磁界の向きと，コイルに電流を流したときに生じる磁界の向き
を図2のア〜エからそれぞれ1つずつ選び，記号で答えなさい。

　　磁石（　　　）　コイル（　　　）

(3)　図1の装置で，電源装置の電圧を変えずに電熱線を抵抗の小さいものに替
え，スイッチを入れるとコイルの動きは初めの実験結果に比べてどのように
なりますか。適切なものを次のア〜エから選び，記号で答えなさい。

　　　　　　　　　　　　　　　　　　　　　　　　　　　　　（　　　　）

　　ア　動きは変わらない。　　イ　動きは小さくなる。
　　ウ　動きは大きくなる。　　エ　まったく動かなくなる。

(4)　U字形磁石のN極とS極を図2の状態から上下逆にすると，コイルの動
きは初めの実験結果に比べてどのようになりますか。適切なものを次のア〜
ウから選び，記号で答えなさい。（　　　　）

　　ア　動く向きは変わらない。　　イ　動く向きは逆になる。
　　ウ　まったく動かなくなる。

**3** コイルと棒磁石を使って図のような装置をつくり，電流を発生させる実験を
行った。これについて，下の各問いに答えなさい。 (華頂女高)

〔実験に必要なもの〕 コイル（エナメル線を 200 回巻いたもの），棒磁石，検
流計

〔実験〕 図中のコイルに磁石の N 極を近
づけて，電流が発生するか調べた。

〔結果〕 磁石を近づける前は検流計の針
は 0 を指していたが，磁石の N 極を
近づけると，検流計の針は検流計の＋端子側に振れた。

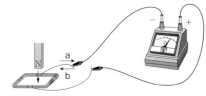

(1) この実験でみられるように，電流の流れていないコイルに磁石を出し入れ
すると，コイルに電流が流れる。このような現象を何というか答えなさい。

(　　　　　　)

(2) (1)で流れる電流のことを何というか答えなさい。(　　　　　)

(3) この実験で，コイルに生じた電流の向きは，図の a，b のどちらか。記号
で答えなさい。(　　　)

(4) この実験と同じ向きに電流が流れるのは，どのような操作をしたときと考
えられるか。次のア～ウから正しいものを 1 つ選び，記号で答えなさい。

(　　　)

　ア　コイルから棒磁石の N 極を上へ遠ざけたとき。

　イ　コイルに棒磁石の S 極を上から近づけたとき。

　ウ　コイルから棒磁石の S 極を上へ遠ざけたとき。

(5) 棒磁石をコイルの中で静止させると，検流計の針はどのようになるか。次
のア～ウから正しいものを 1 つ選び，記号で答えなさい。(　　　)

　ア　さらに＋端子側に大きく振れる。　　イ　－端子側に振れる。

　ウ　0 の目盛りを指して静止する。

(6) 同じエナメル線を使い，エナメル線を 300 回巻いたコイルをつくって同様
の実験を行った。使用した棒磁石や棒磁石を近づける速さは同じであったと
すると，検流計の針はどのようになるか。次のア～ウから正しいものを 1 つ
選び，記号で答えなさい。(　　　)

　ア　200 回巻きのコイルのときと同じ大きさで，＋端子側に振れる。

　イ　200 回巻きのコイルのときより大きく，＋端子側に振れる。

　ウ　200 回巻きのコイルのときより小さく，＋端子側に振れる。

# 9 運 動

◆物体と力

・力の合成

2つの力と同じはたらきをする1つの力を，2つの力の ① [　　　] といい，合力を求めることを**力の合成**という。一直線上にある2力の合力の大きさは，和または差によって求められる。一直線上にない2力の合力は，**2力を表す力の矢印を2辺とする平行四辺形の対角線**となる。

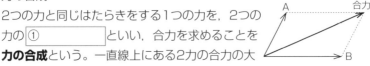

・力の分解

1つの力と同じはたらきをする2つの力に分けることを，**力の分解**といい，分けた2力をもとの力の ② [　　　] という。

◆力と運動

・速さがだんだん速くなる運動（斜面を下る運動，落下運動）

→運動する方向に一定の力がはたらき続ける

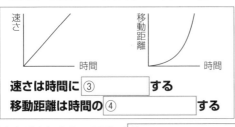

**速さは時間に ③ [　　　] する**

**移動距離は時間の ④ [　　　] する**

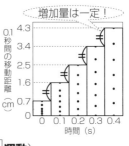

増加量は一定！

・速さが変わらない運動（ ⑤ [　　　] **運動**）

→運動する方向に力がはたらかない，または，つり合っている

**速さは一定である**

**移動距離は時間に ⑥ [　　　] する**

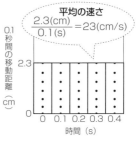

平均の速さ
$\dfrac{2.3(cm)}{0.1(s)}=23(cm/s)$

**1**　次の図1のように，糸をつないだ台車を固定された斜面上にのせ，定滑車を通した糸の反対側に質量350gの球をとりつけた状態で，台車を手で支えて静止させる。また，次の図2は，方眼の1目盛りと等しい長さが1Nの力を表す矢印を用いて，このときの台車にはたらく重力を，点Pを作用点として分解したようすを表そうとしたものであり，斜面に平行な分力と斜面に垂直な分力をかきこむと完成する。これについて，下の問い(1)・(2)に答えなさい。ただし，質量100gの物体にはたらく重力の大きさを1Nとする。　　　　　　（京都府）

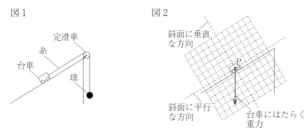

図1　　　　　　　　　　　　図2

(1)　図2の台車にはたらく重力の，斜面に平行な分力と斜面に垂直な分力を，点Pを作用点としてそれぞれ矢印で表し，解答欄の図にかいて示しなさい。

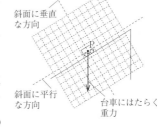

(2)　台車から静かに手をはなし，斜面上での台車の運動のようすを，ストロボスコープを用いて撮影した。撮影した写真を模式的に表したものとして最も適当なものを，次のア～エから1つ選びなさい。ただし，ア～エの中の①～④は，手をはなした瞬間から0.3秒後までの台車の位置を，0.1秒ごとに示したものであり，台車，球，糸，定滑車にはたらく摩擦力や空気の抵抗と，糸の重さや伸び縮みは考えないものとする。（　　　）

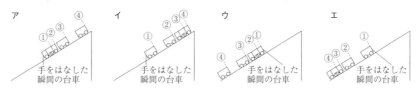

**2** 右図は，ある物体の運動のようすを 1 秒間に 60 回打点する記録タイマーを用いて調べたときの記録テープを，6 打点ごとに切り取って台紙にはったものです。これについて，次の問いに答えなさい。数値の解答は整数または小数（分数不可）とします。

(大阪夕陽丘学園高)

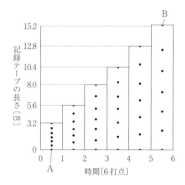

(1) 記録タイマーがテープに 6 打点うつのにかかる時間は何秒か。(　　　　秒)

(2) 図の左端の A 点から始まる 6 打点のテープを記録したとき，その間の物体の平均の速さは何 cm/秒か。(　　　　cm/秒)

(3) 次の文は，実験結果をまとめたものである。(　　) にあてはまる語句を答えなさい。(　　　　)

　　記録タイマーの打点の間隔は，時間が経過するにつれ，長くなっている。これは，物体の速さがしだいに (　　) なったからである。

(4) 図のテープは，右にいくほど何 cm ずつ長くなっているか。

(　　　　cm)

(5) A 点から B 点まで物体が移動した距離は何 cm か。(　　　　cm)

(6) A 点から B 点までの物体の平均の速さは何 cm/秒か。

(　　　　cm/秒)

(7) B 点から次の 6 打点のテープを記録したとき，その間の物体の平均の速さは何 cm/秒か。(　　　　cm/秒)

(8) この物体の移動距離と時間の関係をグラフに表すとどうなるか。次のア〜エから選びなさい。ただし，横軸は時間を，縦軸は移動距離を表している。

(　　　)

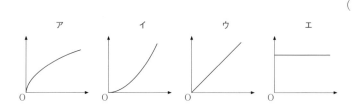

**3** 　図1のように，1秒間に50打点打つ記録タイマーを用いて，台車が水平面を運動する様子を調べた。図1の矢印の方向に台車を動かした。図2は台車が動き出してから水平面の点Aから点Bに到達するまでに記録タイマーで打点された記録テープを，5打点ごとに切って左から並べたものである。

（神戸龍谷高［改題］）

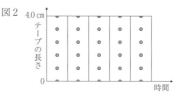

(1)　点Aから点Bまでの台車の速さは何cm/sか求めなさい。

（　　　　　　　cm/s）

(2)　図2より，点Aから点Bまで台車はどのような運動をしているといえるか。運動の名称を漢字で答えなさい。（　　　　　　　）

(3)　点Aから点Bまでの台車の移動距離と時間の関係を表したグラフとして，正しいものをア～エから選び，記号で答えなさい。（　　　　　）

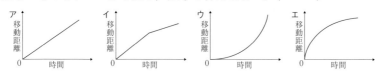

**4** 　右図は，なめらかな水平面上をまっすぐ滑っている物体の様子を0.2秒ごとに調べたものである。次の各問いに答えなさい。

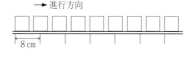

（太成学院大高［改題］）

(1)　この物体の速さは何cm/秒か答えなさい。（　　　　　　　）

(2)　右図の運動中にはたらく力について，正しく書かれたものを次のア～オの中から選び，記号で答えなさい。（　　　　　）

　　ア　進行方向と同じ向きにはたらく力が，常にはたらいている。

　　イ　進行方向と同じ向きにはたらく力以外には，力がはたらいていない。

　　ウ　進行方向と同じ向きにはたらく力はない。

　　エ　進行方向と同じ向きにはたらく力，重力の2つがはたらいている。

　　オ　進行方向と逆向きにはたらく力，重力の2つがはたらいている。

# 10 仕事・エネルギー 近道問題

## ◆仕事

・仕事

物体に力を加えて、**力を加えた方向に物体が移動したとき**、力は物体に対して**仕事**をしたという。

> 仕事(J)=力の大きさ(N)×力の向きに移動した距離(m)

**＜動滑車を使って高さ3mまで上げる仕事＞**　**＜斜面に沿って高さ3mまで上げる仕事＞**

> 動滑車を使って引く力は、
> 5(N)÷2=2.5(N)
> ひもを引く距離は、
> 3(m)×2=6(m)
> よって、
> 2.5(N)×6(m)=15(J)

重力5N

> 斜面に沿って引く力は、
> $5(N)×\dfrac{3}{5}=3(N)$
> ひもを引く距離は5m。
> よって、
> 3(N)×5(m)=15(J)

5m　3m　4m　重力5N

※まさつなどが無視できる場合、道具を使って仕事をしても、直接仕事をしても、仕事の大きさはかわらない。→**仕事の原理**

・仕事率

仕事の能率の大小を表したもの。　　$仕事率(W)=\dfrac{仕事(J)}{時間(s)}$

## ◆エネルギー

他の物体に仕事をする能力

◎位置エネルギー

基準面より高い位置にある物体がもつエネルギー。

物体の質量と ① ［　　　　　］ に比例する。

◎運動エネルギー

運動している物体がもつエネルギー。物体の質量に比例し、

速さの ② ［　　　　　］ する。

◎力学的エネルギー

③ ［　　　　　］ エネルギーと運動エネルギーの和を力学的エネルギーといい、まさつや抵抗がなければ常に一定に保たれている。このことを ④ ［　　　　　］ の法則

**1** 　3 kg の物体を図1，2のようにして 1 m の高さまでゆっくりと引き上げる。100g の物体にはたらく重力の大きさを 1 N とし，糸の重さや摩擦は考えないものとして，次の各問いに答えなさい。　　　　　　　　　　　　　　　（博多女高）

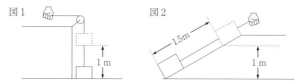

図1　　　　　　　　　図2

(1)　図1，2で，手がする仕事の大きさはそれぞれ何 J か答えなさい。

図1（　　　　　　J）　図2（　　　　　　J）

(2)　図2で，手が物体を引く力は何 N か答えなさい。（　　　　　　N）

(3)　仕事に関してまとめた次の文の（　　）を埋めて文章を完成させなさい。ただし，①に関しては選択肢ア～ウから適切なものを 1 つ選び，記号で答えなさい。①（　　　）②（　　　　）

　　(1)のように物体を引き上げるときの仕事の大きさは，図1のようにまっすぐ上向きに引き上げるときと，図2のように斜面に沿って引き上げるときとを比べると（　①　）。これを（　②　）の原理という。

選択肢　ア　まっすぐ引き上げるほうが大きい

　　　　イ　斜面に沿って引き上げるほうが大きい

　　　　ウ　どちらも等しい

(4)　図1で物体を引き上げるのに 2 秒かかった。このときの仕事率は何 W か答えなさい。（　　　　　　W）

**2** 　次の文章を読み，次の各問いに答えなさい。　　　　　　　（近江高[改題]）

　図1のように，あらい床の上に置い

図1

た物体にばねばかりをつけて手で引き，

加える力をゆっくりと大きくしていったところ，0.50N を示したときに物体が床に対して動きはじめた。

(1)　ばねばかりが 0.30N を示していたときの物体にはたらく摩擦力の大きさは何 N か答えなさい。（　　　　　　）

(2)　動き始めた後ばねばかりが常に 0.40N を示した状態で物体は移動していた。40cm 移動するまでに手が物体にした仕事は何 J か答えなさい。

（　　　　　　）

**3** 物体を引き上げるときの仕事について調べるために，水平な床の上に置いた装置を用いて，次の実験 1, 2 を行った。この実験に関して，下の(1), (2)の問いに答えなさい。ただし，質量 100g の物体にはたらく重力を 1 N とし，ひもと動滑車の間には，摩擦力ははたらかないものとする。また，動滑車およびひもの質量は，無視できるものとする。 (新潟県[改題])

実験 1 図 1 のように，フックのついた質量 600g の物体をばねばかりにつるし，物体が床面から 40cm 引き上がるまで，ばねばかりを 10cm/s の一定の速さで真上に引き上げた。

実験 2 図 2 のように，フックのついた質量 600g の物体を動滑車につるし，物体が床面から 40cm 引き上がるまで，ばねばかりを 10cm/s の一定の速さで真上に引き上げた。

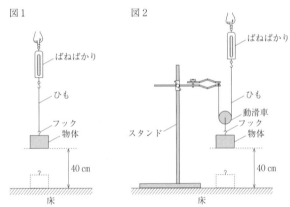

(1) 実験 1 について，次の①，②の問いに答えなさい。

① ばねばかりを一定の速さで引き上げているとき，ばねばかりが示す値は何 N か。求めなさい。(　　　　　N)

② 物体を引き上げる力がした仕事は何 J か。求めなさい。(　　　　　J)

(2) 実験 2 について，次の①，②の問いに答えなさい。

① ばねばかりを一定の速さで引き上げているとき，ばねばかりが示す値は何 N か。求めなさい。(　　　　　N)

② 物体を引き上げる力がした仕事の仕事率は何 W か。求めなさい。

(　　　　　W)

**4** 天井から吊り下げたおもりがある。今，おもりをもってＡの位置まで移動させてから静かに手を離した。右図は，おもりがＡ→Ｂ→Ｃ→Ｄ→Ｅと進んだ様子を表している。これについて，後の(1)～(6)に答えなさい。ただし，空気抵抗は考えないものとする。　　　　　　　（大阪薫英女高[改題]）

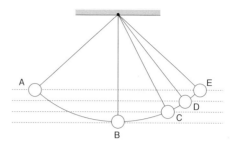

(1) Ａ～Ｅのうち，運動エネルギーの最も大きいのはどれか。記号で答えなさい。（　　　）

(2) Ａ～Ｅのうち，位置エネルギーの最も大きいものを２つ，記号で答えなさい。（　　　）（　　　）

(3) おもりがＢの位置にあるとき，おもりにかかっている力をすべて記した図として適当なものを，右のア～エの中から１つ選び，記号で答えなさい。（　　　）

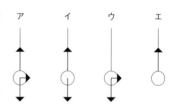

(4) 運動エネルギーと位置エネルギーの和を何と呼ぶか。（　　　）

(5) 摩擦や抵抗が無い限り，(4)のエネルギーの総量は変化しない。この法則を何と呼ぶか。（　　　）

(6) おもりが図のＡからＥまで運動したときについて，次の問いに答えなさい。

　① 運動エネルギーの大きさの変化を表している最も適切なグラフを次のア～エから１つ選び，記号で答えなさい。（　　　）

　② 位置エネルギーの大きさの変化を表している最も適切なグラフを次のア～エから１つ選び，記号で答えなさい。（　　　）

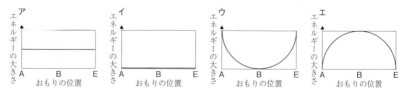

**5** エネルギーについての次の文章を読んで，後の(1)～(4)の各問いに答えなさい。

(仁川学院高)

　日本で使用されている電気エネルギーは，太陽光発電や水力発電，火力発電，原子力発電，風力発電などでつくられていますが，2016 年度時点で，もっとも多くの電力量を供給しているのは [＿＿＿] 発電です。また，環境問題などの対策として，再生可能エネルギーなどの<u>新しい発電方法</u>も導入されています。

(1) 文中の [＿＿＿] に適する語句を答えなさい。（　　　　　）

(2) 水力発電は，どのようなエネルギーを変換して利用するしくみですか。例）の火力発電の表記を参考にして，次のア～カを用いて答えなさい。

（　　　　　　　　　　）

　　例）　火力発電　**オ→ウ→イ→カ**

　　ア　位置エネルギー　　　イ　運動エネルギー　　　ウ　熱エネルギー

　　エ　光エネルギー　　　　オ　化学エネルギー　　　カ　電気エネルギー

(3) 原子力発電で使われている核燃料を 1 つ答えなさい。（　　　　　）

(4) 文章中の下線部について，次の①～③の発電方法の説明として正しいものを，後のア～オから 1 つずつ選び，それぞれ記号で答えなさい。

　　①　バイオマス発電（　　　）　　②　燃料電池による発電（　　　）

　　③　地熱発電（　　　）

　　ア　タービンを用いずに，波エネルギーを振り子の運動エネルギーに変換し，油圧モーターを回転させて発電する。

　　イ　林業や土木工事などで発生する木片などを破砕し，それを燃料として火力発電と同様の方法で発電する。

　　ウ　地下の熱から得た水蒸気によって，タービンを回転させて発電する。

　　エ　ガスタービンと蒸気タービンを組み合わせた発電方法で，エネルギーの変換効率が高い。

　　オ　水素と酸素を化合させて，化学エネルギーを直接，電気エネルギーに変換する。

# 解答・解説
## 近道問題

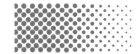

## 1. 光の反射・屈折

① 入射　② 反射　③ 虚　④ 対称
⑤ 全反射　⑥ 屈折　⑦ 入射

**1** (1) 光源　(2) 入射角　(3) イ
**2** (1) a. 入射角　b. 屈折角　(2) b
(3) c　(4)① 大きく　② 全反射
(5) 光ファイバー
**3** (1) 見える　(2) 見える　(3) できない
(4) A・B・C
**4** (1) イ　(2) 80 (cm)
**5** (1) エ　(2) イ
**6** (1)① ア　② 屈折　(2) イ

◇ 解説 ◇

**2**
(2)・(3) 水中から空気中へ光が出ていくとき，入射角よりも屈折角の方が大きくなる。また，入射角がある程度より大きくなると，水中から空気中へ光が出ていかず，水面ですべての光が反射（全反射）するので，aよりもcの方が大きいことがわかる。

**3**
(1)～(4) 次図のように，像は鏡面に対して対称な位置にできる。視点と像を直線で結んだとき，その直線と鏡面が交わる場合は鏡の中に像を見ることができる。

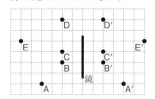

**4**
(1) 入射角と反射角は等しい。

(2) 全身を映すためには，全身の半分の長さの鏡が必要なので，$160 \, (cm) \times \dfrac{1}{2} = 80$ (cm)

\CHIKAMICHI／
**↑ ちかみち**
●**全身をうつす鏡の大きさ**
立つ位置に関係なく，**身長の半分**の大きさがあればよい。

**5**
(1) 光が空気中からガラスに入るときは，入射角＞屈折角，ガラスから空気中に出るときは，入射角＜屈折角となる。
(2) (1)より，ガラスを通ってきた光は，少し右側にずれて見える。

\CHIKAMICHI／
**↑ ちかみち**
●**ガラスを通して見える像**
右の方から見る→像は左にずれる
左の方から見る→像は右にずれる

**6**
(2) 水中から空気中に出る光は，入射角よりも屈折角のほうが大きくなるように屈折する。目では，この光がまっすぐに進んできたと錯覚するので，水中の物体が浮き上がって見える。

\CHIKAMICHI／
**↑ ちかみち**
●**水中にある物体の像**
空気中から見ると浮かんで見える。

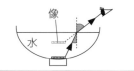

## 2. 凸レンズ

① 焦点　② 焦点距離　③ 焦点　④ 直進
⑤ 平行　⑥ 実　⑦ 大きく　⑧ 小さく
⑨ 虚　⑩ 暗く　⑪ 変化

**1** (1) 焦点　(2) J

**2** (1) 実像　(2) 10 (cm)　(3) イ　(4) (距離)
近くなっている　（大きさ）小さい

**3** (1) ア　(2) イ　(3) 10 (cm)

(4) ① イ　② ウ　(5) エ　(6) 15 (cm)

**4** (1) 焦点　(2) イ　(3) ア

◇ 解説 ◇

**1**

(2) 図 2 の点 B は焦点距離の 2 倍の点で，焦点距離の 2 倍の位置に矢印を置くと，レンズの反対側の焦点距離が 2 倍の位置 J に像ができる。

＼CHIKAMICHI／
**ちかみち**

●**凸レンズにおける特徴的な位置**

焦点距離の 2 倍
↓↑
「物体」と「像」が同じ大きさ
↓↑
「物体からレンズ」と「レンズから物体」
の距離が等しい

**2**

(2) 焦点距離の 2 倍の位置に物体を置くと，焦点距離の 2 倍の位置に同じ大きさの実像ができるので，この凸レンズの焦点距離の 2 倍が 20cm になる。よって，$\frac{20 (cm)}{2}$ ＝ 10 (cm)

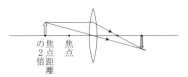

(3) 実像は物体と上下左右が逆になる。

(4) 焦点距離の 2 倍の位置から物体を凸レンズに近づけると，できる像の位置は凸レンズから遠ざかり，像の大きさは大きくなる。物体を凸レンズから遠ざけると，できる像の位置は凸レンズに近づき，像の大きさは小さくなる。

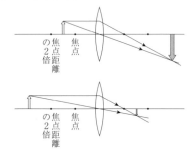

＼CHIKAMICHI／
**ちかみち**

●**像の大きさ・位置・向きの判断**

凸レンズを進む光の道筋によって，簡単な作図をする。

**3**

(1) 凸レンズを通った光が結ぶ像は上下左右が逆向きの実像になる。

(2) 凸レンズを通る光の量が減るので，暗い像ができる。

(3) 焦点距離の 2 倍の位置に物体を置くと，焦点距離の 2 倍の位置に物体と同じ大きさの実像ができる。よって，この凸レンズの焦点距離は，$\frac{20 (cm)}{2}$ ＝ 10 (cm)

(4) 物体の位置を焦点距離の 2 倍の位置から遠ざけると，像ができる位置は焦点に近づき，物体より小さな像ができる。焦点距離の 2 倍の位置から焦点に近づけると，像ができる位置は遠ざかり，物体より大きな像ができる。

(5) 物体を焦点とレンズの間に置くと実像はできないが，レンズを通して物体と同じ向きで物体より大きな虚像が見られる。

(6) 次図のように虚像を作図したとき，△ABO ∽ △A′B′O より，AB：A′B′ = 1：3　OB は 5 cm なので，OB′ の長さは，

$$5 \, (cm) \times \frac{3}{1} = 15 \, (cm)$$

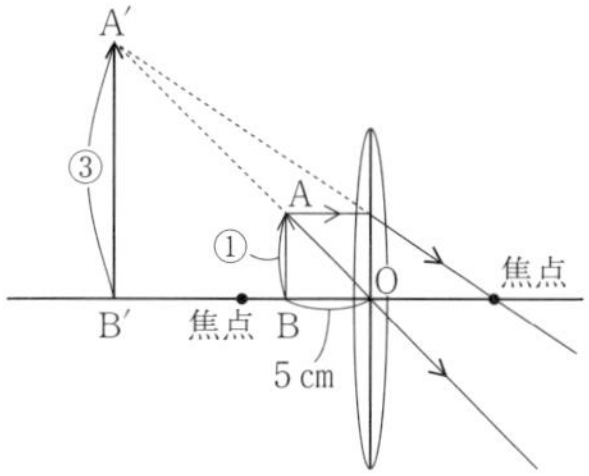

**4**

(2) スクリーンに映る実像は，上下左右が反対になる。

(3) 物体が焦点距離よりも遠い位置にあるとき，物体と凸レンズの間の距離（$a$）が大きくなるほど，凸レンズと像ができるスクリーンの間の距離（$b$）が小さくなるので，像が小さくなる。

---

## 3. 音

① 振動　② 波　③ 振動数　④ 短い
⑤ 長い　⑥ 細い　⑦ 太い　⑧ 強い
⑨ 弱い　⑩ 振幅　⑪ 強い　⑫ 弱い

**1** 340（m/s）

**2** (1) ① ア　② ウ　(2) イ・エ・オ
(3) 2380（m）

**3** (1) 1250（Hz）　(2) ア　(3) ウ

◇ 解説 ◇

**1**

図1より，笛の音が進んだ距離は，221（m）× 2 = 442（m）　笛の音の速さは，$\dfrac{442 \, (m)}{1.3 \, (s)}$ = 340（m/s）

\ CHIKAMICHI /
**ちかみち**

**●反射した音は距離が2倍**
壁に反射したとき，音が進んだ距離は，壁までの距離の2倍になる。

**2**

(1) ① 振幅が大きいほど音は大きくなる。
② 振動数が大きいほど音は高くなる。
(2) 弦をはじいたときに出る音は，弦が細いほど，弦の振動する部分が短いほど，弦を張る強さが強いほど高くなる。
(3) 音の伝わる速さが 340m/s，花火が見えてから音が聞こえるまで7秒なので，花火の音が出る位置とビルまでの距離は，340（m/s）× 7（s）= 2380（m）

\ CHIKAMICHI /
**ちかみち**

**●雷・花火**
光は音より非常に速く伝わるため，雷や花火の光が届いてから，音が遅れて伝わる。

**3**

(1) 図2より，音が1回振動するのにかかる時間は，0.0001（s）× 8（目盛り）= 0.0008（s）　よって，振動数は，$\dfrac{1（回）}{0.0008（s）}$ = 1250（Hz）

(2) 弦をはじく強さは変えないので，振幅は変化せず2目盛りになる。XY間を大きくし，弦の振動する部分の長さを長くすると，振動数が少なくなる。

(3) 弦をはじく強さを強くすると振幅が大きくなる。おもりの重さを変えると，振動数は変化するが，振幅は変化しない。

---

## ４．力・圧力

① 比例　② フック　③ 重さ　④ 質量
⑤ 101300

**1** (1) 10（cm）　(2) 13（cm）　(3) 1.05（N）
**2** (1) 8.0（cm）　(2) 2.8（N）　(3) 7.2（cm）
**3** (1)① カ　② ア　③ エ　(2) オ　(3) イ
**4** (1) 27（N）　(2) 1350（Pa）
**5** (1) ウ　(2) 60（N）　(3) ア　(4) 1000（Pa）

◇ 解説 ◇

**1**

(1) 図1より，おもりの質量が0gのときのばねの長さは10cm。

(2) おもりの質量が140gのとき，ばねの長さは22cmなので，ばねは，22（cm）－ 10（cm）= 12（cm）伸びている。ばねの伸びはおもりの質量に比例するので，35gのおもりをつり下げたときのばねの伸びは，12（cm）× $\dfrac{35（g）}{140（g）}$ = 3（cm）　よって，ばねの長さは，10（cm）+ 3（cm）= 13（cm）

(3) ばねの長さが19cmになるときのおもりの質量は，140（g）× $\dfrac{(19 - 10)（cm）}{12（cm）}$ = 105（g）なので，力の大きさは，1（N）× $\dfrac{105（g）}{100（g）}$ = 1.05（N）

\CHIKAMICHI/
↑ ちかみち

● ばねのつまずきポイント（その1）
「ばねの伸び」と「ばねの長さ」はしっかり区別！

**2**

(1) 表より，ばねを引く力が4.0Nのとき，ばねAののびは16.0cm。フックの法則より，2.0Nの力で引いたときのばねAのの

び は，$16.0\,(\text{cm}) \times \dfrac{2.0\,(\text{N})}{4.0\,(\text{N})} = 8.0\,(\text{cm})$

(2) 表より，ばねを引く力が 4.0N のとき，ばね B ののびは 8.0cm なので，ばね B ののびが 5.6cm のとき，ばね B を引く力は，

$4.0\,(\text{N}) \times \dfrac{5.6\,(\text{cm})}{8.0\,(\text{cm})} = 2.8\,(\text{N})$

(3) 質量 120g のおもりにはたらく重力は，$1\,(\text{N}) \times \dfrac{120\,(\text{g})}{100\,(\text{g})} = 1.2\,(\text{N})$　したがって，ばね A とばね B は 1.2N の力で引かれる。ばね A ののびは，$16.0\,(\text{cm}) \times \dfrac{1.2\,(\text{N})}{4.0\,(\text{N})} = 4.8\,(\text{cm})$　ばね B ののびは，$8.0\,(\text{cm}) \times \dfrac{1.2\,(\text{N})}{4.0\,(\text{N})} = 2.4\,(\text{cm})$　よって，ばね A とばね B ののびの和は，$4.8\,(\text{cm}) + 2.4\,(\text{cm}) = 7.2\,(\text{cm})$

\CHIKAMICHI/
⬆ ちかみち
## ●ばねのつまずきポイント（その2）
おもりが両側にあっても考えるのは 1 つだけ！

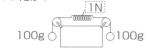

**3**

(2) 150g のおもりにはたらく重力の大きさは，$1\,(\text{N}) \times \dfrac{150\,(\text{g})}{100\,(\text{g})} = 1.5\,(\text{N})$　100g のおもりにはたらく重力の大きさは 1N。図 2 のばね A にかかる重さは，$1.5\,(\text{N}) + 1\,(\text{N}) = 2.5\,(\text{N})$　ばね A に 2.5N の力がかかったときののびは，図 1 より 2cm なので，ばね B ののびは，$(5 - 2)\,(\text{cm}) = 3\,(\text{cm})$

(3) 400g のおもりにはたらく重力の大きさ

は，$1\,(\text{N}) \times \dfrac{400\,(\text{g})}{100\,(\text{g})} = 4\,(\text{N})$　ばね C 1 本あたりにかかる重さは，$\dfrac{4\,(\text{N})}{2} = 2\,(\text{N})$　図 1 より，ばね C に 10N の力がかかったときののびは 10cm なので，ばね C に 2 N の力がかかったときののびは，$10\,(\text{cm}) \times \dfrac{2\,(\text{N})}{10\,(\text{N})} = 2\,(\text{cm})$

\CHIKAMICHI/
⬆ ちかみち
## ●ばねのつまずきポイント（その3）
・直列につなぐ
　→ばねの下にあるおもりの重さ

・並列につなぐ
　→ばねの下にあるおもりの重さをばねの数で等分する。

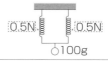

**4**

(1) 2.7kg = 2700g より，2700g の直方体の金属にはたらく重力の大きさは，$1\,(\text{N}) \times \dfrac{2700\,(\text{g})}{100\,(\text{g})} = 27\,(\text{N})$

(2) 金属とスポンジが接する面積は，10cm = 0.1m，20cm = 0.2m より，$0.1\,(\text{m}) \times 0.2\,(\text{m}) = 0.02\,(\text{m}^2)$　よって，(1)より，$\dfrac{27\,(\text{N})}{0.02\,(\text{m}^2)} = 1350\,(\text{Pa})$

**5**

(1)・(2) この直方体が床を押す力は，接する面積に関係なく 60N。

(3) 圧力 (Pa) = $\dfrac{\text{力の大きさ(N)}}{\text{接する面積(m}^2)}$ より，床に加える力の大きさが一定のとき，圧力は，接する面積に反比例する。

(4) 20cm = 0.2m，30cm = 0.3m より，一番小さな面の面積は，0.2 (m) × 0.3 (m) = 0.06 (m$^2$) よって，圧力は，$\dfrac{60\,(\text{N})}{0.06\,(\text{m}^2)}$ = 1000 (Pa)

ちかみち

### ●底面積と力・圧力

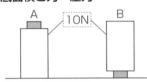

底面積
　A：0.01㎡　B：0.0025㎡
圧力
　A：1000Pa　B：4000Pa

重さが同じ場合，床が受ける圧力は，底面積が大きいほど小さくなる。
容器から床にはたらく力の大きさは，底面積の大きさに関係なく等しい。

## 5．水圧・浮力

① 大きく　② 上　③ 浮力

**1** (1) ウ　(2) ウ

**2** (1) 大きい　(2)① B　② D　③ A
④ C　⑤ 上（①・②は順不同）　(3) b

**3** (1)（半分水中）0.4 (N)　（全部水中）0.8 (N)　(2) 変わらない

### ◇ 解説 ◇

**1**

(1)・(2) 水圧は水深が深いほど大きく，水深が同じ場所の水圧は等しい。

**2**

(2) 水圧は物体の面に垂直にはたらき，水圧の大きさは同じ深さのところであれば等しく，深くなるほど大きくなる。

(3) 物体 a の体積は，$\dfrac{450\,(\text{g})}{3.0\,(\text{g/cm}^3)}$ = 150 (cm$^3$)　物体 b の体積は，$\dfrac{540\,(\text{g})}{1.2\,(\text{g/cm}^3)}$ = 450 (cm$^3$)　物体 c の体積は，$\dfrac{600\,(\text{g})}{1.5\,(\text{g/cm}^3)}$ = 400 (cm$^3$)　アルキメデスの原理より，はたらく浮力の大きさが最も大きい物体は，最も体積の大きい物体 b。

**3**

(1) 実験 1 で，空気中でばねばかりが示す値は 1.7N，おもりが半分水にしずんでいるときのばねばかりが示す値は 1.3N なので，このときにおもりにはたらく浮力の大きさは，1.7 (N) － 1.3 (N) = 0.4 (N)　また，おもりが全部水にしずんでいるときのばねばかりが示す値は 0.9N なので，このときおもりにはたらく浮力の大きさは，1.7 (N) － 0.9 (N) = 0.8 (N)

## ●水中の物体にはたらく力

・物体が水面に浮かんでいる場合
　（重力）＝（浮力）

・物体がばねに引かれている場合
　（重力）＝（浮力）＋（ばねが引く力）

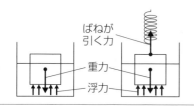

ばねが
引く力

重力

浮力

---

## 6．電流回路

① 直列　② 並列　③ 比例　④ I₁＝I₂　⑤
V₁＋V₂　⑥ R₁＋R₂　⑦ I₁＋I₂　⑧ V₁＝V₂

**1** (1) ① 直列　　② ＋　　③ 大きい
(2) 350（mA）
**2** (1) ① 比例　　② オーム　(2) 0.5（倍）
**3** (1) 20（Ω）　(2) 40（Ω）　(3) 0.5（A）
(4) 0.17（A）　(5) 10（V）　(6) 0.25（A）
**4** (1) ウ　(2) 5（Ω）　(3) 1（A）　(4) 20（Ω）
(5) 4（V）　(6) 6（V）　(7) 6（Ω）　(8) 10（Ω）

### ◇ 解説 ◇

**1**

(1) 電流の大きさが予想できないときは，電流計に急に大きな電流が流れることを防ぐために，いちばん大きい電流がはかれる－端子につなぐ。
(2) 導線が500mA の－端子につながれているので，1目盛りを10mA として読み取る。

### ●電気用図記号

| 電源 | スイッチ | 電流計 |
|---|---|---|
| ⊣⊢ | ／ | Ⓐ |
| 電圧計 | 電気抵抗 | 電球 |
| Ⓥ | ▭ | ⊗ |

### ●実験上の注意点！

・電流計
→電源に直接つないだり，回路に並列につなぐと，電流計に大きな電流が流れ，電流計が壊れることがある。

・電圧計
→回路に直列につなぐと，回路に電流が流れなくなる。

**2**

(2) 電圧が一定のとき，電流の大きさと電気抵抗は反比例する。表1の電圧が10Vのときより，抵抗aを流れる電流は抵抗bを流れる電流の，$\dfrac{2.0\,(\mathrm{A})}{1.0\,(\mathrm{A})} = 2$ (倍)なので，抵抗aの電気抵抗は抵抗bの電気抵抗の，$\dfrac{1}{2} = 0.5$ 倍。

**3**

(1) 図2より，抵抗器Aは1.0Vの電圧を加えると，0.05Aの電流が流れる。よって，オームの法則より，抵抗の大きさは，$\dfrac{1.0\,(\mathrm{V})}{0.05\,(\mathrm{A})} = 20\,(\Omega)$

(2) 抵抗器Bは2.0Vの電圧を加えると，0.05Aの電流が流れるので，抵抗の大きさは，$\dfrac{2.0\,(\mathrm{V})}{0.05\,(\mathrm{A})} = 40\,(\Omega)$

(3) 抵抗器Aの抵抗の大きさは20Ωなので，流れる電流の大きさは，$\dfrac{10\,(\mathrm{V})}{20\,(\Omega)} = 0.5$ (A)

(4) 図3は直列回路なので，回路全体の抵抗の大きさは，$20\,(\Omega) + 40\,(\Omega) = 60\,(\Omega)$ よって，回路に流れる電流の大きさは，$\dfrac{10\,(\mathrm{V})}{60\,(\Omega)} \fallingdotseq 0.17\,(\mathrm{A})$

(5) 図4は並列回路なので，どちらの抵抗器にも10Vの電圧がかかる。

(6) $\dfrac{10\,(\mathrm{V})}{40\,(\Omega)} = 0.25\,(\mathrm{A})$

**4**

(1) 大きな電流が流れて電流計がこわれないように，はじめは最も大きな値の－端子を用いる。

(2) 図2より，電圧が6Vのとき1.2Aの電流が流れるので，オームの法則より，$\dfrac{6\,(\mathrm{V})}{1.2\,(\mathrm{A})} = 5\,(\Omega)$

(3) 抵抗器 $R_1$ に流れる電流は，$\dfrac{20\,(\mathrm{V})}{5\,(\Omega)} = 4$ (A)　回路全体に流れた電流はそれぞれの抵抗器に流れた電流の和に等しいので，抵抗器 $R_2$ に流れる電流は，$5\,(\mathrm{A}) - 4\,(\mathrm{A}) = 1\,(\mathrm{A})$

(4) (3)より，電源の電圧が20Vのとき抵抗器 $R_2$ には1Aの電流が流れるので，$\dfrac{20\,(\mathrm{V})}{1\,(\mathrm{A})} = 20\,(\Omega)$

(5) 回路の並列部分に流れる電流は1A。抵抗器 $R_1$ と抵抗器 $R_2$ の合成抵抗の大きさは，$\dfrac{1}{5\,(\Omega)} + \dfrac{1}{20\,(\Omega)} = \dfrac{1}{4\,(\Omega)}$ より，4 ($\Omega$)　よって，並列部分にかかる電圧は，$1\,(\mathrm{A}) \times 4\,(\Omega) = 4\,(\mathrm{V})$

(6) 抵抗器 $R_1$ と $R_2$ の並列部分と抵抗器 $R_3$ が直列になっているので，抵抗器 $R_3$ にかかる電圧は，$10\,(\mathrm{V}) - 4\,(\mathrm{V}) = 6\,(\mathrm{V})$

(7) $\dfrac{6\,(\mathrm{V})}{1\,(\mathrm{A})} = 6\,(\Omega)$

(8) 電源の電圧が10Vで回路全体を流れる電流が1Aなので，$\dfrac{10\,(\mathrm{V})}{1\,(\mathrm{A})} = 10\,(\Omega)$

## 7．電力・発熱量

① 26.0　② 0.8　③ 52.0

**1** (1) 100 (V)　(2) A・C・D　(3) 250 (W)

**2** (1) 2 (A)　(2) 14 (W)　(3) 6720 (J)
(4) 4.2 (J)

**3** (1) 2 (A)　(2) ア．3 (Ω)　イ．1.5 (Ω)
(3) 6 (℃)　(4) 1 (A)　(5) D，1.5 (℃)

### ◇ 解説 ◇

**1**

(1) 並列回路では各抵抗にかかる電圧は電源
電圧と等しい。家庭の電気配線は並列回路
になっていて，どのコンセントからも電源
電圧と同じ電圧がとり出せる。

(2) 図の P 点より左にあるものは使用でき
なくなる。

(3) 全体で 5 A の電流が流れたときの電力は，
100 (V) × 5 (A) = 500 (W)　よって，使
用する電気器具のワット数の合計が 500W
になればよいので，500 (W) − 150 (W) −
40 (W) − 60 (W) = 250 (W)

**2**

(1) オームの法則より，$\dfrac{7.0 \text{ (V)}}{3.5 \text{ (Ω)}}$ = 2 (A)

(2) 7.0 (V) × 2 (A) = 14 (W)

(3) 8 分 = 480 秒より，14 (W) × 480 (秒) =
6720 (J)

(4) グラフより，8 分後の水の温度は 54 ℃
なので，水 50g の上昇温度は，54 (℃) −
22 (℃) = 32 (℃)　(3)より，電熱線 A から
8 分間に発生した熱量は 6720J なので，1g
の水を 1 ℃温度上昇させるのに必要な熱量
は，$\dfrac{6720 \text{ (J)}}{50 \text{ (g)} \times 32 \text{ (℃)}}$ = 4.2 (J)

＼CHIKAMICHI／
**ちかみち**

⬆ **●水の温度上昇**

水1g を 1℃上昇させるエネルギー
が 4.2J の場合

**（水が得た熱量）**
**＝（上昇温度）×（水の質量）×4.2**
が成り立つ。

水の温度ではなく，水の上昇温度
であることに注意！

**3**

(1) $\dfrac{6 \text{ (W)}}{3 \text{ (V)}}$ = 2 (A)

(2) 電熱線アに流れる電流の大きさは，
$\dfrac{3 \text{ (W)}}{3 \text{ (V)}}$ = 1 (A) なので，抵抗の大きさは，
$\dfrac{3 \text{ (V)}}{1 \text{ (A)}}$ = 3 (Ω)　また，電熱線イの抵抗の
大きさは，$\dfrac{3 \text{ (V)}}{2 \text{ (A)}}$ = 1.5 (Ω)

(3) 7 分 = 420 秒より，電熱線イの発熱量は，6
(W) × 420 (秒) = 2520 (J)　これより，容
器Bの水の上昇温度は，$\dfrac{2520 \text{ (J)}}{4.2 \text{ (J)} \times 100 \text{ (g)}}$
= 6 (℃)

(4) 回路全体の合成抵抗の大きさは，3 (Ω) +
1.5 (Ω) = 4.5 (Ω) なので，流れる電流の
大きさは，$\dfrac{4.5 \text{ (V)}}{4.5 \text{ (Ω)}}$ = 1 (A)

(5) 図 2 で，電熱線アに加わる電圧は，1 (A)
× 3 (Ω) = 3 (V)，電熱線イに加わる電圧
は，4.5 (V) − 3 (V) = 1.5 (V)　よって，
電熱線アの電力は，1 (A) × 3 (V) = 3 (W)
電熱線イの電力は，1 (A) × 1.5 (V) = 1.5
(W)　発熱量は電力に比例するので，水の
温度上昇が最も小さいのは容器D。温度上
昇は，$\dfrac{1.5 \text{ (W)} \times 420 \text{ (秒)}}{4.2 \text{ (J)} \times 100 \text{ (g)}}$ = 1.5 (℃)

\CHIKAMICHI /
**ちかみち**

●**水の上昇温度の比較**

電流を流す時間・水の量が同じ
→上昇温度は電力に比例

電力・水の量が同じ
→上昇温度は電流を流す時間に比例

電流を流す時間・電力が同じ
→上昇温度は水の量に<u>反比例</u>

---

**8. 磁界・電磁誘導**

① N　② 電流　③ コイルの巻き数
④ 鉄しん　⑤ モーター　⑥ 電流
⑦ 磁石の強さ　⑧ 電磁誘導　⑨ 誘導電流
⑩ 磁石の強さ　⑪ コイルの巻き数
⑫ 速く

**1** (1) a. イ　b. ア
(2) ① イ　② 強くなる　③ 弱くなる　④ イ
(3) ① ア　② N（極）　③ イ

**2** (1) 16（Ω）　(2)（磁石）イ　（コイル）ウ
(3) ウ　(4) イ

**3** (1) 電磁誘導　(2) 誘導電流　(3) b
(4) ウ　(5) ウ　(6) イ

◇ **解説** ◇

**1**

(1) 棒磁石のまわりの磁界の向きは，N極か
らS極に向かっている。磁界の中に磁針を
置くと，磁針のN極が磁界の向きを指す。
(2) ① ・ ④ 導線のまわりには，電流の向き
に対して時計回りの向きに磁界ができるの
で，イの向きに磁界ができる。磁針のN極
は，この磁界の向きに振れる。
(3) ① ・ ② 右手の親指以外の4本の指先を
電流の向きに合わせたとき，立てた親指の
向きがコイルの内側の磁界の向きと一致す
る。よって，コイルの中の磁界の向きは，
A→Bの向きにでき，AがS極，BがN
極になる。

**2**

(1) オームの法則より，$\dfrac{8\,(\mathrm{V})}{0.5\,(\mathrm{A})} = 16\,(\Omega)$

(2) 磁石による磁界の向きは，N極からS極
の向きになる。また，電流のまわりに生じ
る磁界の向きは，右ねじの進む向きを電流
の向きに合わせたとき，右ねじを回す向き
になる。

(3) 抵抗の小さい電熱線に替えると，コイルに流れる電流の大きさが大きくなるので，電流のまわりの磁界が強くなり，コイルの動きは大きくなる。

(4) U字形磁石のN極とS極を上下逆にすると，磁石による磁界の向きが逆になるので，コイルにはたらく力の向きも逆になり，コイルが動く向きは逆になる。

**3**

(3) 検流計の＋端子から電流が流れ込んだとき，指針は＋側にふれ，－端子から電流が流れ込んだとき，指針は－側にふれる。

(4) 〔実験〕より，コイルの上側にN極を近づけると，誘導電流はbの向きに流れる。誘導電流の向きは棒磁石の向きと動かし方によって決まるので，誘導電流がbの向きに流れるのは，S極を上へ遠ざけたとき。

(5) 磁界の変化がないと電磁誘導は起こらない。

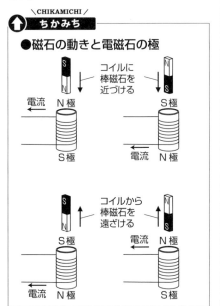

\CHIKAMICHI /
**ちかみち**

●磁石の動きと電磁石の極

## 9. 運動

① 合力　② 分力　③ 比例
④ 2乗に比例　⑤ 等速直線　⑥ 比例

**1** (1)（次図）　(2) ア

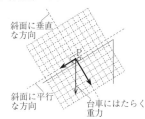

斜面に垂直な方向
斜面に平行な方向
P
台車にはたらく重力

**2** (1) 0.1（秒）　(2) 32（cm/秒）
(3) 速く（または，大きく）　(4) 2.4（cm）
(5) 55.2（cm）　(6) 92（cm/秒）
(7) 176（cm/秒）　(8) イ

**3** (1) 40（cm/s）　(2) 等速直線運動　(3) ア

**4** (1) 30cm/秒　(2) ウ

◇ **解説** ◇

**1**

(2) 質量350gの球にはたらく重力の大きさは，$1（N）× \dfrac{350（g）}{100（g）} = 3.5（N）$なので，球から台車にはたらく力の大きさは3.5N。(1)より，重力の斜面に平行な分力の大きさは3N。よって，台車にはたらく力の和は，斜面に沿って上向きに，$3.5（N）- 3（N）= 0.5（N）$　台車に一定の大きさの力がはたらき続けると，台車の速さはしだいに大きくなっていく。

**2**

(1) $1（秒）× \dfrac{6（打点）}{60（打点）} = 0.1（秒）$

(2) 図の左端のテープの長さは3.2cmなので，この間の平均の速さは，$\dfrac{3.2（cm）}{0.1（秒）} = 32（cm/秒）$

(4) 左から 1 番目と 2 番目のテープの長さの差は，5.6 (cm) − 3.2 (cm) = 2.4 (cm) 同様に，となり合うテープどうしの長さの差はどれも 2.4cm。

(5) すべてのテープの長さの和は，3.2 (cm) + 5.6 (cm) + 8.0 (cm) + 10.4 (cm) + 12.8 (cm) + 15.2 (cm) = 55.2 (cm)

(6) (5)より，A 点から B 点までの距離は 55.2cm。6 本のテープに打点するのにかかった時間は，0.1 (秒) × 6 (本) = 0.6 (秒) よって，平均の速さは，$\frac{55.2 \text{ (cm)}}{0.6 \text{ (秒)}}$ = 92 (cm/秒)

(7) (4)より，B 点から次の 6 打点のテープの長さは，15.2 (cm) + 2.4 (cm) = 17.6 (cm) なので，平均の速さは，$\frac{17.6 \text{ (cm)}}{0.1 \text{ (秒)}}$ = 176 (cm/秒)

(8) 物体の速さがだんだん速くなるので，0.1 秒間に進む距離もだんだん長くなる。

**3**

(1) 5 打点ごとに切り取ったテープが表す時間は，$\frac{1}{50}$ (s) × 5 = 0.1 (s) よって，台車の速さは，$\frac{4.0 \text{ (cm)}}{0.1 \text{ (s)}}$ = 40 (cm/s)

(2) 点 A から点 B までの区間の台車の運動は，速さも向きも変化していない。

(3) 等速直線運動をしているとき，運動した時間と移動距離は比例する。

**4**

(1) 図で，物体が，8 (cm) × 3 = 24 (cm)移動するのにかかった時間は，0.2 (秒) × 4 = 0.8 (秒)なので，$\frac{24 \text{ (cm)}}{0.8 \text{ (秒)}}$ = 30 (cm/秒)

(2) 運動している物体の進行方向に力がはたらくと速さが変化する。

\CHIKAMICHI/
↑ **ちかみち**

● **ストロボ写真での時間の求め方**

物体の間隔に注目！
→0.2(秒)×4＝0.8(秒)

0.2秒 0.2秒 0.2秒 0.2秒

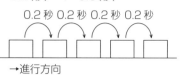

→進行方向

\CHIKAMICHI/
↑ **ちかみち**

● **ストロボ写真のようす**

だんだん速くなる運動
→物体の間隔がだんだん広くなる

速さが変わらない運動
→物体の間隔が一定

だんだん遅くなる運動
→物体の間隔がだんだんせまくなる

# 10. 仕事・エネルギー

① 高さ　② 2乗に比例　③ 位置
④ 力学的エネルギー保存

**1** (1)(図1) 30 (J)　(図2) 30 (J)
(2) 20 (N)　(3)① ウ　② 仕事
(4) 15 (W)
**2** (1) 0.30N　(2) 0.16J
**3** (1)① 6 (N)　② 2.4 (J)
(2)① 3 (N)　② 0.3 (W)
**4** (1) B　(2) A・E　(3) イ
(4) 力学的エネルギー
(5) 〔力学的エネルギー〕保存の法則
(6)① エ　② ウ
**5** (1) 火力　(2) ア→イ→カ
(3) (例) ウラン　(4)① イ　② オ　③ ウ

◇ 解説 ◇

**1**

(1)図1で手が3kgの物体を引く力の大きさ
は, 3kg = 3000gより, 1 (N) × $\frac{3000 (g)}{100 (g)}$
= 30 (N)　よって, 図1で手がする仕事の
大きさは, 30 (N) × 1 (m) = 30 (J)　図2
では, 3kgの物体が1mの高さまで引き上
げられているので, 仕事の大きさは図1の
ときと同じになる。
(2)(1)より, 図2で手がする仕事の大きさが
30J, 手が物体を引く距離が1.5mなので,
力の大きさは, $\frac{30 (J)}{1.5 (m)}$ = 20 (N)
(4) $\frac{30 (J)}{2 (秒)}$ = 15 (W)

**2**

(1) 物体が動いていないときは, ばねはかり
を手で引く力の大きさと物体にはたらく摩
擦力の大きさは等しい。

(2) 40cm = 0.4mより, 0.40 (N) × 0.4 (m)
= 0.16 (J)

**3**

(1)① 実験1では, ばねばかりが示す値は物
体にはたらく重力と等しいので, $\frac{600 (g)}{100 (g)}$
= 6 (N)　② 40cm = 0.4mより, 6 (N) ×
0.4 (m) = 2.4 (J)
(2)① 実験2では, 動滑車を使っているので,
ばねばかりにはたらく力は物体にはたらく
重力の半分。(1)の①より, 物体にはたらく
重力は6Nなので, $\frac{6 (N)}{2}$ = 3 (N)　② 実
験1と実験2ではどちらも物体を40cm引
き上げたので, 仕事の原理より, した仕事は
2.4Jで等しい。実験2で, 動滑車を使うと,
ひもを引き上げる距離は物体を引き上げる
距離の2倍になるので, 物体を40cm引き
上げるのにかかる時間は, $\frac{40 (cm) × 2}{10 (cm/s)}$ =
8 (s)　仕事率は, $\frac{2.4 (J)}{8 (s)}$ = 0.3 (W)

\CHIKAMICHI/
↑ **ちかみち**

●動滑車を使う仕事

・引く力　→ $\frac{1}{2}$倍

・引く距離 → 2倍

**4**

(1) 力学的エネルギー保存の法則より, 位置
エネルギーが最も小さいものを選ぶ。
(3) おもりにかかっている力は, 重力と糸が
おもりを引く力の2つ。
(6)① AとEで0, Bで最大になっているも
のを選ぶ。② Bで0, AとEで最大になっ
ているものを選ぶ。

**5**

(2) 水を高いところから低いところへ流すことで, 位置エネルギーが運動エネルギーに変換され, その運動エネルギーで水車を回転させて発電する。

(3) プルトニウムなどでもよい。

(4) アは波力発電, エはコンバインドサイクル発電。

\CHIKAMICHI /
**⬆ ちかみち**

### ●発電とエネルギー

火力発電
　化石燃料などを燃やして水を加熱し, 発生した水蒸気でタービンを回して発電する。

| 化学 | → | 熱 | → | 運動 | → | 電気 |

水力発電
　高い位置にある水を低い位置に流してタービンを回し, 発電する。

| 位置 | → | 運動 | → | 電気 |

原子力発電
　ウランなどが核分裂するときのエネルギーを利用して水を加熱し, 発生した水蒸気でタービンを回して発電する。

| 核 | → | 熱 | → | 運動 | → | 電気 |